「做人父母甚艱難」

全能家長攻略

伴你長憂九十九

做人父母艱難之處，在於孩子成長的每一個階段，父母所面對的挑戰也不一樣。從孩子呱呱落地的一刻起，父母需要學習為寶寶洗澡泡奶；孩子牙牙學語後，要開始陪伴他們探索學習；到了青少年的反叛期，親子關係又會出現翻天覆地的轉變。

在日常生活中，父母面對的難題不止千百個，尤其現今科技先進，父母給予孩子的資訊，遠比他們手中一部電子產品為少。很多時候父母想給予孩子最好的東西，結果卻不似預期；明明希望多給予關心和引導，卻把孩子愈推愈遠。如何在大世界拉近與孩子的距離，培育全健發展的孩子，相信每一位父母也在尋找答案。

本書結集了「家長全動網」資深親職教育社工與星島日報合作的40篇專欄文章，分享父母實用的管教知識與經驗。四大主題包括：親職教育、子女技能、親子關係及家長自身，輔以協助家長了解自己管教方向的小測試，以及載錄社工、青少年及家長的回應。我們期望本書有助家長重新認識與子女的關係，建立正向的家庭氛圍。孩子在正面、積極和充滿愛的家庭中成長，自然能建立正確的人生觀，自信地開拓美好未來。

本人期盼，各位父母在照料孩子的同時，也好好照顧自己，在人生路上與子女一起向著健康幸福之路成長。

何永昌
香港青年協會總幹事
二零二二年十二月

編者的話

我是一位七歲女兒的母親，深深感受到「做人父母甚艱難」的道理。

身為全職工作者的我，回家後還為著管教女兒的事感到苦惱——擔心她未能培養良好的生活習慣，又擔心她未能建立出正面的價值觀。到了後期，我出盡法寶，盲目地追求一套教養子女的「秘笈」，以為只要按著它就可以做對「好父母」，完成父母的責任，教出絕世「好孩子」。

我讀過多不勝數的書籍，亦向不少老師不恥下問，也尋找不到一個教養孩子的標準答案。不過，最後我發現，其實世間上根本是沒有一套所謂的「教養秘笈」—— 因為人是獨特的，而子女是唯一的。每人也各有著不同的性格、能力與特質，故栽培的方法自然也迥然不同，父母亦需因材施教。要成為「全能教養家長」，父母其實需要花點時間在孩子身上，透過仔細觀察孩子言行，全面掌握孩子特性及積極聆聽孩子心聲，才能了解他們的需要，從其角度掌握問題，並把教養知識融合，讓子女得到最好的成長效果。

本書以四個範疇，分別是親職教育、親子關係、子女技能及家長自身出發，以生動有趣的文章、不同角色的回應及簡單的小測試，與大家分享為人父母會遇到不同的處境及如何逐一面對它們。我並不期望讀者把書中教養知識直接套用在子女身上，而是希望大家咀嚼箇中知識，揉合自己的生活經驗，成為自己的瑰寶。

盼望本書能在你的教養路上增添一點啟發、一點得著，並引發大家思考及討論，一同向著成為「全能家長」邁進。

目錄

親職教育

4 為親子關係建立「情感帳戶」
8 怎樣和子女訂立目標？
12 社交平台分享孩子照的五個「不」
16 怎樣和子女訂立時間表？
20 管教的迷思
24 善用讚賞
28 有「腦」處理孩子情緒
32 真正的陪伴
36 在節日中表達愛
40 為人父母的焦慮
44 你的孩子經歷過反叛期嗎？
48 孩子哭鬧的背後
52 好好話別
56 我家有個小霸王

親子關係

62 孩子做錯事，點算？
66 和女兒看電影
70 上網拉近親子距離
74 「你」想學校＝理想學校？
78 媽媽也追星
82 青年抑鬱
86 話中有愛
92 愛你變成害你
96 成為孩子的同行者
100 放手，對你、對子女也好
104 敲敲門

子女技能

110 健康數碼生活四部曲
118 未來技能：創意與想像
122 培養孩子興趣的幾個問題
126 一場沒有分數的比賽
130 利是背後的理財智慧
136 小朋友的閱讀世界
142 觸得到的目標

家長自身

148 強化抗逆力，為處理危機做準備
152 真的戀愛了
156 把自己還給自己
160 停不了的自責？
166 孩子突然變了另一個人
170 正是幸福
174 累透了的媽媽
180 得意忘形的父母

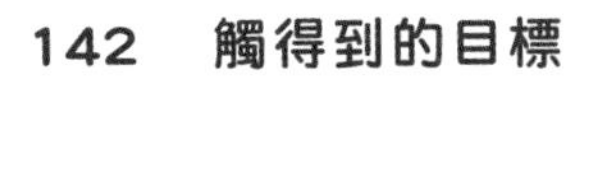

親職教育

親職教育

為親子關係建立一個情感帳戶

美國著名的管理學大師史蒂芬・柯維（Stephen R Covey）在「與成功有約——高效能人士的七個習慣」提出一個「情感帳戶」（the emotional bank account）的概念，用以演繹人與人之間的關係。

我們可套用這個「情感帳戶」於親子關係上，就如銀行戶口一樣，開立一個「親子情感帳戶」。「存款」就如為孩子送上一個擁抱、送上真心的欣賞、用心聆聽孩子的心聲等。至於「提款」就如責罵孩子、苛刻的說話、打擊信心，甚或欺騙或責打孩子等。

史蒂芬‧柯維的「情感帳戶」，有六個存款的方向值得留意。

1. **了解孩子：**你了解他的性格及喜好嗎？了解他的情感需要和情緒反應嗎？
2. **注意小節：**一個肯定的眼神、溫暖的笑容都是存款，要避免不經意的失言及厭惡的表情。
3. **信守承諾：**要得到孩子的信任，必須要實踐父母的諾言，答應了的事就要做，不要隨便食言。
4. **闡明期望：**按孩子能力表達對孩子的期望，由言行態度到學業成績，要求愈明確仔細，愈能達到。
5. **誠懇正直：**家長的權威不是來自角色，而是能樹立一個誠懇待人，正直行事的榜樣。
6. **勇於道歉：**如果我們錯怪了孩子，說了傷害孩子的說話，能夠放下身段，一句對不起，才是無條件的愛。

在我看來，「親子情感帳戶」有三個重要的意義，首先，**家長是戶口的持有人**，責無旁貸讓這個戶口得到平衡及正數。第二，**戶口是可存可取的**，因此要定期查看戶口的狀況。上次是何時存款？何時提款？這是讓家長反思的機會。最後，**記住每日一存款，衝突遠離你！**「儲錢」要從小做起，孩子年紀愈小愈容易儲蓄。大家都明白，當孩子長大，他們要建立朋輩的關係，加上暴風的青春期，是「提款」最多的時候，如果我們能一早有足夠的儲備，就不用太擔心了。就由今天開始，每天問問自己：「我今日儲了錢嗎？」

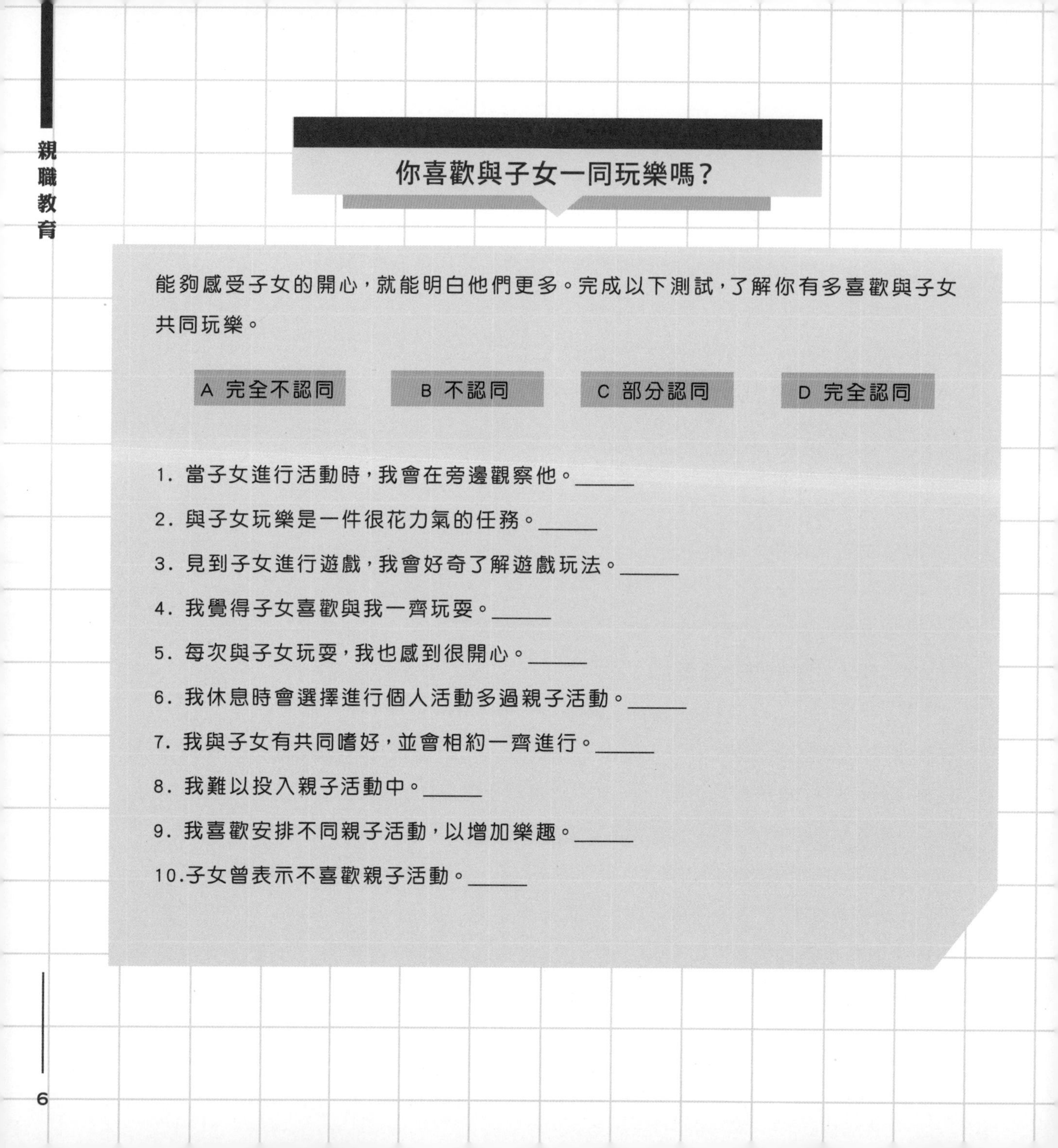

你喜歡與子女一同玩樂嗎？

能夠感受子女的開心，就能明白他們更多。完成以下測試，了解你有多喜歡與子女共同玩樂。

A 完全不認同　　B 不認同　　C 部分認同　　D 完全認同

1. 當子女進行活動時，我會在旁邊觀察他。______
2. 與子女玩樂是一件很花力氣的任務。______
3. 見到子女進行遊戲，我會好奇了解遊戲玩法。______
4. 我覺得子女喜歡與我一齊玩耍。______
5. 每次與子女玩耍，我也感到很開心。______
6. 我休息時會選擇進行個人活動多過親子活動。______
7. 我與子女有共同嗜好，並會相約一齊進行。______
8. 我難以投入親子活動中。______
9. 我喜歡安排不同親子活動，以增加樂趣。______
10. 子女曾表示不喜歡親子活動。______

計分方法

第1、2、6、8、10題：

A：完全不認同：4分

B：不認同：3分

C：部分認同：2分

D：完全認同：1分

第3、4、5、7、9題

A：完全不認同：1分

B：不認同：2分

C：部分認同：3分

D：完全認同：4分

10至15分

你會覺得與子女玩樂是枯燥及沉悶的，平日很少跟他們玩耍，未能了解子女玩樂的樂趣。

16至25分

你意識到與子女玩樂的重要性，但當實行時又未能投入，甚至感到有點「格格不入」。

26至35分

你明白與子女玩樂的重要性，同時願意與子女一同玩耍，成為子女的玩伴，但仍需努力讓自己全情投入玩樂中。

36至40分

你知道如何與子女一同玩耍，同時享受當中樂趣。你也能在共同玩樂中明白子女更多，彼此建立親密關係。

親職教育

怎樣和子女訂立目標？

一般來說，家長其中一樣最擔心的事，是子女終日無所事事，浪費時光。筆者建議家長幫助子女設立目標，一方面可協助其學習自律，另一方面亦可從中得以學習。

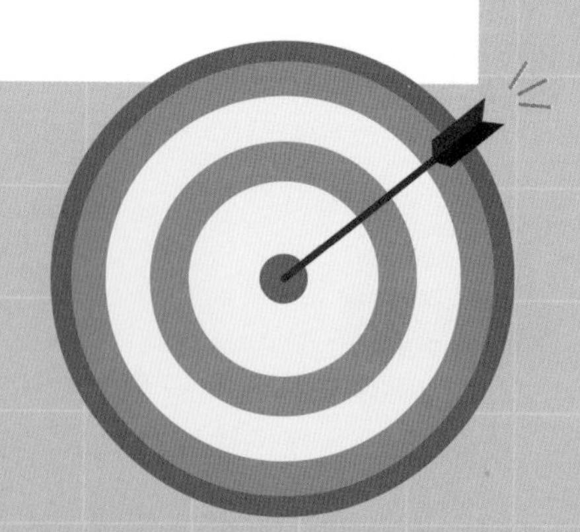

首先要決定的是訂立甚麼目標。很多家長會選擇學業為目標，但一日24小時流流長，是否全部都只是學業？有沒有趁著休閒時，學一點平時沒有機會學習的東西？無論甚麼目標，最重要的是大家共同決定，家長想做的也要子女願意、想做、喜歡做，否則一番好意就變成強迫和懲罰，效果打折扣之餘，更易引起衝突。

在訂立目標時，要確守SMART原則：具體（specific）、可量度（measurable）、做得到（achievable）、可行的（realistic）和有時限（time bounded）。舉例說，很多家長為子女訂立了「讀好啲書」或「勤力讀書」等目標，但怎樣才叫「勤力」？有人會認為做完作業就是「勤力」，也有家長認為功課之後「加單」做練習才算勤力。以「勤力」或「讀好啲」為目標，表面容易理解，實質歧義甚大，甚至容易引發衝突。所以考慮目標時一定要具體清楚。大家想想下面這些目標是否較清楚：「準時完成作業」、「每天看一小時課外書」、「這段期間砌一個Lego機械人」、「學懂一套電腦程式寫一個遊戲」……這幾個「目標」是否較為「可量度」？

另一個容易犯的錯誤是目標超出子女能力，徒惹挫敗感。「學結他彈一首歌」對初中學生應該不難，但對幼稚園或小學生呢？「每天看一小時課外書」適合初中學生，不過，初小學生應該難以專注一小時了。所以家長應考慮子女能力和喜好，一同商量出一個做得到而又可行的目標。

很多家長和筆者訴苦，說目標容易訂立但執行困難，這牽涉到訂立時間表和使用賞罰的技巧，容後再談。不過最近有位家長在WhatsApp內留了一句金句，值得作為本文註腳：**「指定功課完成後，不能加單，大家要有信用」**。

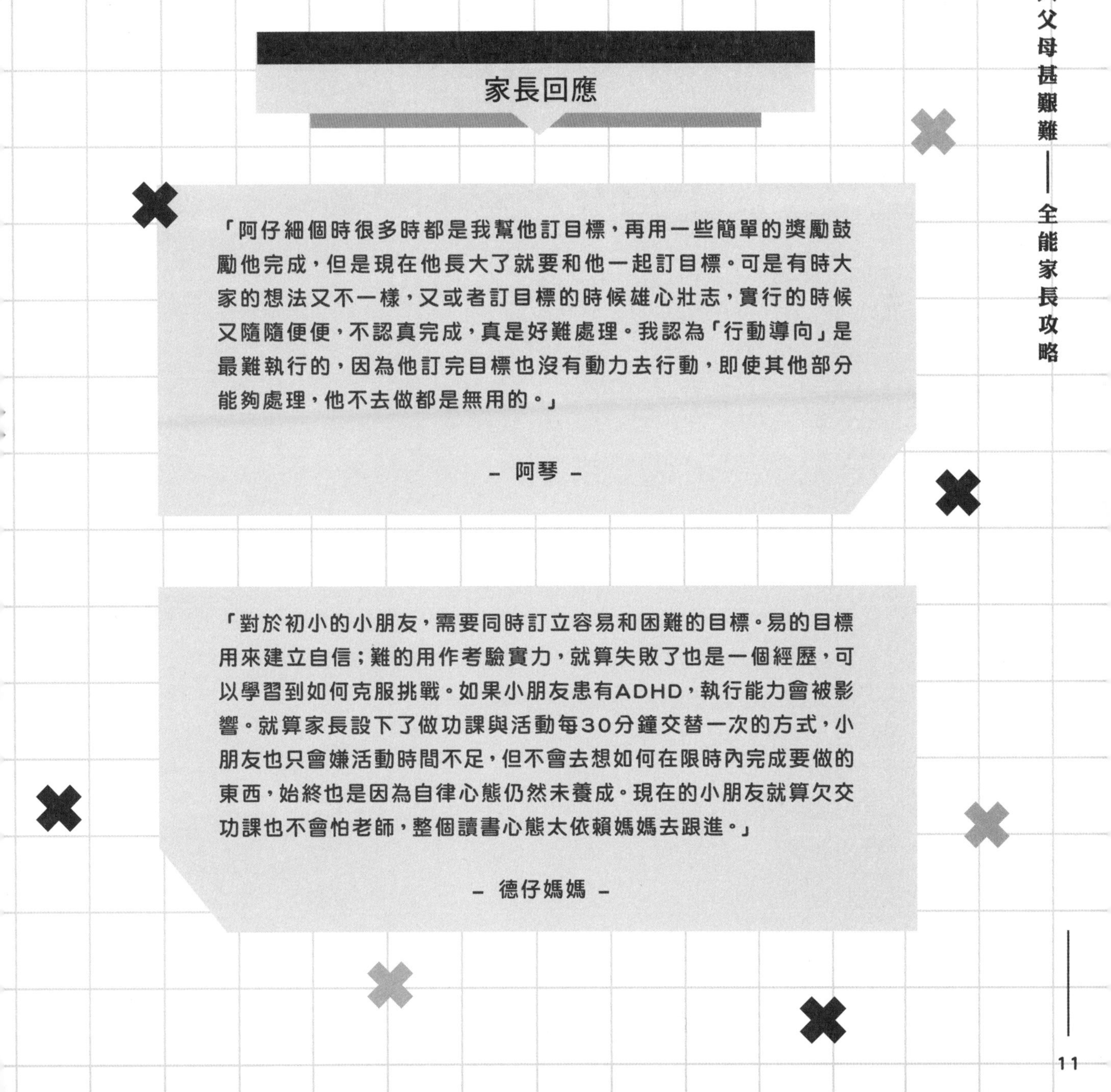

家長回應

「阿仔細個時很多時都是我幫他訂目標，再用一些簡單的獎勵鼓勵他完成，但是現在他長大了就要和他一起訂目標。可是有時大家的想法又不一樣，又或者訂目標的時候雄心壯志，實行的時候又隨隨便便，不認真完成，真是好難處理。我認為「行動導向」是最難執行的，因為他訂完目標也沒有動力去行動，即使其他部分能夠處理，他不去做都是無用的。」

– 阿琴 –

「對於初小的小朋友，需要同時訂立容易和困難的目標。易的目標用來建立自信；難的用作考驗實力，就算失敗了也是一個經歷，可以學習到如何克服挑戰。如果小朋友患有ADHD，執行能力會被影響。就算家長設下了做功課與活動每30分鐘交替一次的方式，小朋友也只會嫌活動時間不足，但不會去想如何在限時內完成要做的東西，始終也是因為自律心態仍然未養成。現在的小朋友就算欠交功課也不會怕老師，整個讀書心態太依賴媽媽去跟進。」

– 德仔媽媽 –

親職教育

在社交平台分享孩子照片的五個「不」

很多家長，自孩子出生以來，就變成了孩子的超級粉絲。時刻化作其隨身攝影師，將孩子成長的美事、醜態拍下來，並將這些海量的照片上載。這可能是孩子可愛與不可愛的照片、見得人與不見得人的照片，這當中還包括了些能窺見孩子私處的照片。總之在父母眼中，這些都是珍貴的回憶。

只是，我們可曾想過，孩子到了青春期時，對於這一大堆放上網絡世界的照片，會有甚麼感覺？他們會介意朋友圈或網友的眼光嗎？2016年奧地利就有一名18歲的孩子向法庭控訴其父母自她出生以來將大量她的照片上載至社交網站而使她感到難堪與痛苦。

有見及此，作為家長的我們，在上載照片前，亦不能不考慮孩子未來的想法和眼光。為保護孩子起見，上載以下類別照片前實在需要好好地三思。

1. **照片是孩子的裸露照。**有些父母會覺得孩子年紀尚小，裸露身體也沒有所謂。殊不知這世界真的有些人專門搜集小孩的裸露照作淫穢或非法用途。

2. **照片是孩子的醜態照。**在父母而言，孩子的醜態實在可愛得很，但對孩子來說，醜態即是醜態。若干年後，這種醜態可能會令他感到無地自容。

3. **照片是洩露孩子的學校及居所的個人資料照。**因為這類資料很容易為不法之徒設下犯案的機會。

4. **照片是孩子的學業成績得獎照。**畢竟在香港家長圈中，學童學業成績的競爭激烈，假如太高調地宣揚孩子的好成績，容易引人嫉妒，損害孩子間純真的友誼。同時亦容易令孩子的壓力指數增加。

5. **照片涉及其他人樣子及個人資料的照片及事情**，家長在發放前要得到當事人的同意，否則要加密或不指名道姓，免令對方感覺不良。

留存或分享孩子的成長足跡有很多方法，我們做父母的，有需要為他們想多一些、想遠一些，避免令這些好事變成壞事，遭孩子或他人詬病。

青年回應

「從這篇文章中，可以知道如何在社交媒體中上傳照片，要謹慎地選擇，不要因照片而對兒女的各方面造成影響。兒女長大後更會對照片反感甚至有陰影，所以從此可見上傳照片需深思熟慮。」

– 巧穎 –

「我不喜歡爸爸媽媽在他們社交媒體上放我的照片，他們選的照片我往往覺得拍得我好醜，我不喜歡這樣！要是他們先問我意見，我就可以自己選一張覺得好的才讓他們分享。」

– 小玲 –

親職教育

怎樣和子女訂立時間表？

前文談及與子女訂立目標的原則，現在就談談如何與子女設定時間表。

如果只考慮「重要」和「緊急」兩項因素，一般的做法當然是先處理緊急事務，至於不緊急的就放在一旁。大家可有發覺，以此方式處理緩急，最後總是緊急事務愈來愈多？要避免這種情況，首要應先解決「重要」事項，至於緊急而又不重要的，不妨放在一旁。

以上述方式放在時間表運用上，家長覺得甚麼事情對子女最重要？睡覺、上課、做功課？那就先把這些事項放到時間表上，剩下的空間才處理其他雜項庶務。

那應該花費多少時間於不同事項？一般而言，青少年（特別是小朋友）的專注力時間短，每項工作宜短不宜長，有專家建議每項工作宜以30分鐘為限（年幼的甚至需要更短時間），每30分鐘轉換不同類型的事項，也就是讓左右腦（甚至腦部不同部分）取得適時休息。如果30分鐘中文溫習緊接著的是英文，那同樣是延續學業溫習，並不算是交替轉換；相反，打完30分鐘遊戲機，接著是30分鐘打籃球呢？因為前者動腦，後者動「身」，所以算是交替轉換。

30分鐘交替的最大好處，是令小朋友覺得時間過得快，減少對不喜歡活動環節的抗拒，更願意盡快完成。因此，時間表內要有多元化及不同類型的環節。

很多人在訂立時間表忽略了「休息」環節。有好些家長以為「休息」就是任子女做喜歡的事，實質不是。「休息」就是指甚麼都不做，完全空閒下來，類似近年流行的「放空」。不妨在每日活動時間表中加插幾段「休息」時段，對成人一樣有效。至於睡覺算不算休息？這是有趣的問題，有時間不妨自己想想。

在長假期開始前，訂立時間表有一層更深的意義，就是在無所事事的「悠長假期」中幫子女學習自律，至於提升幾多成「戰鬥力」那些東西，可以放在較次要的位置。所以，制訂時間表時一定要和子女商量，並定時檢討，最重要的是要他們做得到。

青年回應

「上了中學之後變得很忙，功課增加了，默書、小測變了每個星期的必備項目，所以，我也會制定時間表來規定自己每日做些甚麼，如果不是就會欠交功課，或者要補考，實在不是太好。

我分配時間主要視乎甚麼東西要盡快做完，以及那事情要花多少時間去做，例如像中文科這些要用很多時間和很花心機的事，我就會放在下午去做，因為朝早我一般沒有精神，溫習也不會入腦。而且我規定自己做完要做的事情才會去玩，因為我覺得這樣的安排時間會寬鬆一點，就算突然之間多了工作，也可以用減少玩的時間來完成事情。

但我看完這篇文章之後，我覺得我可以將時間表的安排，由溫完書做完功課再一次過去玩，變做休息和工作交替地進行，休息時就不要再記掛功課，如果不是就只會表面說是休息時間，實質上是焦慮時間，休息也休息得不舒服，反而心中會因為記掛功課而導致忐忑不安。還有，每隔一段時間便休息一下，我覺得我也可以讓自己的大腦有充分休息，回到工作時能讓自己更容易進入狀態，溫書和做功課也可以事半功倍。」

– Nichole –

親職教育

管教的迷思

筆者相信每位父母都會用心教好子女。我們滿懷熱誠教育子女，但在管教路上屢屢碰壁，也許與我們被管教的迷思困住了。以下筆者嘗試分享兩個迷思，重整大家的管教信念。

「父母應把所有時間給予子女。」

對很多父母而言，子女出生後，不自覺就將所有的心思和時間放在他們身上。家長與筆者分享時表示他們這些年來沒有了自己的朋友、陪子女娛樂就等於自己的娛樂，沒有發展自己興趣的機會，連夫妻的話題也只有孩子的事情。

這樣的犧牲雖然令人佩服，但如果我們的生活全是孩子，甚至把子女的價值成為自己的價值時，**親子關係反而容易出問題**。最明顯的是當我們覺得已為子女付出很多而子女未能滿足自己期望，就會出現很大落差及失望，心情會變得很差。而且子女對於父母全心專注的照顧，有時會感到很大壓力。雙方的壓力提升至不能忍受時，就會引發親子衝突。故**父母一定要學習好好善待自己，花時間照顧自己，留空間做自己喜歡的事，在照顧子女同時也要活出自己的人生。**

「孩子的責任就是讀好書。」

香港教育重視成績，故功課量比較多，考試壓力也大。由於父母不想子女辛苦及分心，故對子女唯一要求就是「讀好書」。只要他們能讀好書，成為大學畢業生，其他事都可以不理。**但事實上現今社會除了講求「硬知識」，也需要有「軟技巧」(soft skills)。**

這些軟技巧包括個人儀容、待人態度、語言表達能力、解決問題能力及態度、人際溝通等技巧。如何提升子女的「軟技巧」？就是**子女從小要有情緒教育、品德及生活能力的培養**。所以我們要讓子女從小承擔部分家務，學習承擔責任。其次是建立子女的同理心和情緒表達，讓他們多接觸社會不同的人與事，學習用心感受其他人的感受，並以愛心真誠了解及回應他們的需要。我相信家長花精神培養孩子的生命質素，都是非常重要的。

你對子女採取甚麼管教方式?

請選出適合的答案。(只需要按情況選擇回答三題中的一題)

1.學前子女的家長

準備上床休息時,兒子 / 女兒卻說要去洗手間,你會……

A:無論如何都必須上床。

B:由他吧,小朋友是這樣子。

C:讓他去洗手間,15分鐘後再安排他上床。

D:告訴他下次要上床前15分鐘處理,今次給予15分鐘時間處理,之後要他上床。

2. 小學子女的家長

在超級市場,兒子 / 女兒大嚷著要買糖果,你會……

A:堅決反對,並拉他離開超級市場。

B:直接買給他,不要煩。

C:難得他喜歡,與他一同選擇糖果購買。

D:告訴他因為未有事前協定,故未能購買糖果,與他繼續在超級市場購物,並商討協定方案。

3.青少年子女的家長

家長晚上7時放工回家，見到兒子 / 女兒在家使用智能手機，他 / 她未換校服，書包放在廳中，你估計他 / 她已用智能手機超過3小時，你會……

A：要求他馬上收手機，並沒收智能手機。

B：叫了他一輪收手機，本身自己放工回家已經很疲倦，不理他算吧。

C：讓他多玩一會，直到處理好晚飯才叫他食飯。

D：重申每日使用智能手機的協議，並給予協議緩衝時間，之後收機。

A：專制型管教

你對子女有高的要求，但你不容許子女對你有要求。家中的一切在你掌握內。

B：忽略型管教

你讓子女如成年人一般可自己做決定，沒有任何限制。他們並不用特別的看待。

C：縱容型管教

你很愛子女，故對他千依百順，你會盡力滿足子女的要求，規則並不重要。

D：恩威型管教

你對子女有要求，也讓子女對你有同樣的期望。

你相信透過溝通可以讓子女建立自律精神。

親職教育

善用讚賞

在傳統教養思想中，大人怕「讚壞」子女，容易高舉責罵旗幟，當孩子愈罵愈反叛時，或許可以試下從讚賞做起：一個常常受讚賞的孩子，會感到獲接納、欣賞和獲肯定，因此會為獲得獎勵而重覆相關行為。

家長切記讚賞時要具體及清晰，同時要著重小成就和小進步，最重要是即時及適時進行。使用物質獎勵時，需要適當及適量，切勿過分，其實微笑點頭、拍拍肩膀、甚至真情擁抱已經是最佳獎賞。

也許有家長會提出，子女太多缺點，找不到稱讚的東西。那我們該要想一想，對著孩子時，我們的眼光是否只落在缺點或做不好的事上？這類情況下，我們可以努力尋找欣賞子女的理由，然後，再與他商討改善的行動。

讚賞有很多方式，家長可以**用以往經驗做比較**，例如「你今次中文測驗有75分，比上次進步了8分，媽媽知道是你努力的成果，我替你開心呀！」、「今次英文作文雖仍不及格，但已比上次進步10分，這證明你近日多看了英文書真的有幫助。只要繼續堅持下去，你就會不斷有進步！」

讚賞子女行為或思想上的改變也是另一種常見方式：「剛才你雖然好疲累好想坐下休息，但你毫不猶疑地讓位給婆婆，真是一個善解人意的好孩子。」、「我知道你為了爭取更好成績，在考試期間願意減少每日上網的時間，加緊溫習。媽媽見到你改變，十分欣賞。」

在「讚無可讚」時，不妨考慮一下**子女的努力**：「你為了這次跑步比賽，每日放學都抽時間努力訓練，真的很不容易。」、「學習英文真的不容易，你每日花時間閱讀英文報紙，又主動向老師請教文法上不明白的地方，媽媽見到你的努力及付出，繼續努力下去，必見成效。」

讚賞其實不容易，有很多家長覺得難以說出口，感到難為情，如果是這樣，那就代表要多練習，練得愈多，愈容易說出口。

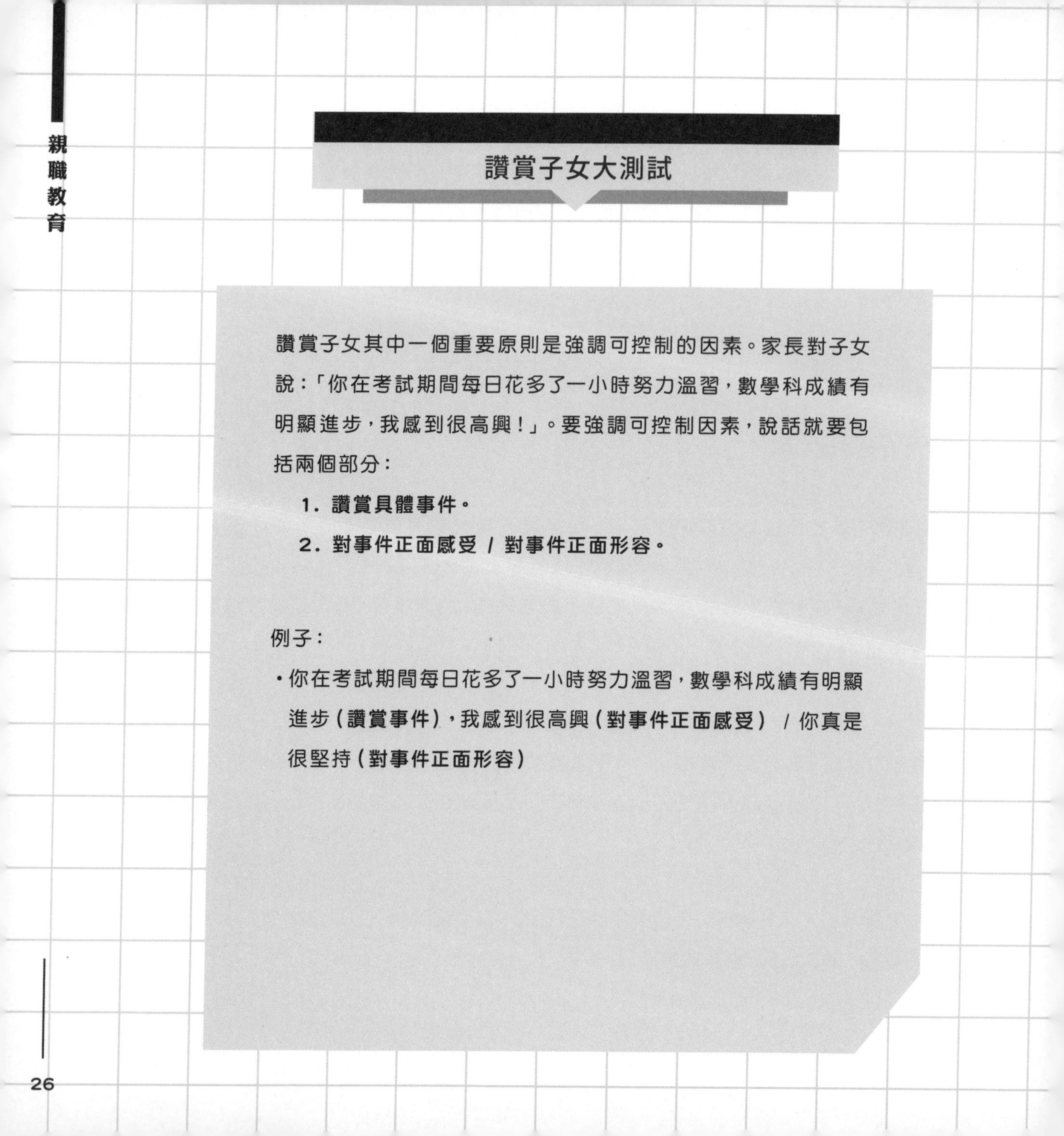

讚賞子女大測試

讚賞子女其中一個重要原則是強調可控制的因素。家長對子女說：「你在考試期間每日花多了一小時努力溫習，數學科成績有明顯進步，我感到很高興！」。要強調可控制因素，說話就要包括兩個部分：

1. 讚賞具體事件。

2. 對事件正面感受 / 對事件正面形容。

例子：

- 你在考試期間每日花多了一小時努力溫習，數學科成績有明顯進步（**讚賞事件**），我感到很高興（**對事件正面感受**） / 你真是很堅持（**對事件正面形容**）

請在以下事件中，寫下你讚賞子女的回應

- **4歲女兒做完功課才收看電視。**
- **6歲兒子為自己綁好鞋帶。**
- **10歲女兒在母親節早上為家人準備豐富早餐。**
- **14歲女兒主動告訴父母到朋友家的生日會，並告之回家時間及能準時回家。**
- **17歲兒子花上大量時間應付公開考試。**

參考答案

- 你這星期做完功課後才收看電視，你真是很自律呢。
- 你為自己綁好鞋帶，你真是很有耐性。
- 你為家人花了一個小時準備一餐好好食的早餐，我感到很開心。
- 你主動分享你到朋友家的生日會，並能按時回家，我感到很安心。
- 你堅持努力溫習應付考試，你真是好堅毅。

親職教育

有「腦」處理孩子情緒

腦部發展與情緒是息息相關的。「大腦」是人最複雜最精妙的器官，不同部分負責不同任務，它們雖然獨立但是又會共同完成複雜的工作。在控制情緒上，「大腦」有兩個部分十分重要，他們互相配合掌管人的情緒，今日筆者向大家介紹一下。

前額葉皮質：其位置在前額頭，它負責人的分析思維，包括判斷及反思能力、社交技巧及調節情緒。但它大約要到二十多歲才能完全發展成熟。

杏仁核：其位置在大腦底部，因形狀似杏仁以名。它主要功能是當身體有危險時發出訊號保護自己。人遇到危險時，它會以最快方式發出驚慌、恐懼的訊號，令人馬上離開現場。它在人一出生時就開始運作，直接掌管人的即時情緒反應。

當孩子出現情緒反應，即表示他們的「杏仁核」被啟動了，由於「杏仁核」主導，他們就會大吵大叫，甚至身體會出現對抗性行為，其目的是要保護自己。更重要是腦的「前額葉皮質」因「杏仁核」啟動會暫時停止運作。**所以人，特別是孩子，要在情緒主導下作出理性分析及做出相關行為，其實是非常困難的。**家長在子女情緒高漲時以理說教，孩子很難冷靜下來，反之有可能因他們收錯訊息而有更大情緒反應。孩子不能以理性去平靜情緒，不是他們故意的，而是因為他們腦部「前額葉皮質」未能在情緒主導下運作。

最有效處理孩子情緒反應的方法是，**家長先保持冷靜，並積極利用言語表達出孩子的感受**，它是啟動孩子前額葉皮質的「鎖匙」。透過表達孩子的感受，引導他們把感受化為言語，孩子才能透過你的言語表達及確定自己內心感受。感受表達了又被認同了後，「杏仁核」才會冷靜，情緒才能撫平，理性思考才會重現。

孩子情緒處理好後，他們的反思能力才能發揮。家長在這時慢慢說教，孩子便會把你的理性教導送入「腦」，說教才變得有意義。因此家長多明白腦部運作，在處理子女的情緒上才能得心應手，不再走冤枉路。

家長回應

「看完這一篇文章，讓我感受很深。記得兒子在兩三歲的時候，經常發脾氣，而我又因為他的脾氣，觸動了我憤怒的神經，經常大聲喝罵他，希望他停止發脾氣這個行為。但事與願違，發脾氣的戲碼每日都不停上演。如果早一點知道是因為腦部發展未成熟，導致一個小朋友未能好好控制情緒，就不會有『家嘈屋閉』這個情況出現。

這篇文章讓我明白到處理孩子的情緒，不是靠惡就可以，而是需要冷靜處理，如果大人都不能好好控制自己的情緒，如何教導孩子？作為父母，首先要學懂如何處理自己的情緒，跟孩子溝通亦需要先講感覺、後講道理，這樣跟孩子溝通相處才會得心應手。」

– 景雲 –

親職教育

真正的陪伴

因工作的緣故，筆者經常帶領親子活動，希望透過活動促進親子關係。當中最深刻的除了是箇中的環節，還有父母和子女間的互動。隨着時代發展，我們開始變得「機」不離手，在參與活動時也不例外——當子女一邊積極參與活動時，部分家長卻一邊忙著透過手機發送訊息。這樣，還算是真正的陪伴嗎？

不少身兼多職的家長為了參與親子活動，都會特意放下沉重而繁忙的工作，請假陪伴子女。而正正因為假期彌足珍貴，我們更要善用這段難得的親子時光，拉近與子女間的距離。著名輔導學家蓋瑞·巧門博士（Dr Gary Chapman）根據多年來的臨床經驗，建立了現今廣泛流傳的「愛之語」理論，歸納出五種愛的表達方式，讓來自不同年齡層的我們也能在親密關係中以愛互動，並感受到對方的心意。**當中「高質素的相聚時刻」（quality time）則是「愛之語」其中一種不可或缺的語言，鼓勵我們透過全心全意與摯愛相處，在共同享受相伴樂趣的同時，傳遞心中的愛，以及增進彼此間的關係。**

「高質素的相聚時刻」強調「一起」和「全神貫注」兩大重要元素，讓對方感受到自己在我們心中是佔一席位的。因此，我們要「形神合一」，除了留在家人的身邊，也要全程投入與對方相處及共同進行活動。要提升相聚時刻的質素，我們**可與孩子約定一個「專屬時間」**，在那段時間裡放下工作及生活瑣事，讓我們的眼裡只有彼此，避免外間的事物妨礙彼此的相處。同時，我們也應**表現出對孩子的重視，積極及專心地聆聽對方的心聲**，避免否定他們的想法和感受，讓溝通及交流能凝聚愛。

這個晚上，我們不妨嘗試回想一下——我們在與子女約定的共處時間裡，我們回覆了多少條訊息？我們接了多少通電話？即使我們花了一整天與子女「約會」，但若我們只「重量不重質」，其實亦未能創造高質素的相處時間，讓子女雖然與自己只有一步之遙，但兩顆心卻未有連繫過來。

能否與家人建立有質素的陪伴？

請與你的家人一同填寫、選出最能形容你家庭的情況分數

0分：沒有出現

1分：極少出現

2分：間中出現

3分：有時出現

4分：經常出現

____ 我們向家人要求幫忙時，並不感到難以啟齒。

____ 我們會彼此尊重家中各人的朋友。

____ 我們喜歡一家人一同做一些事。

____ 我們認為家人是我們非常親密的人。

____ 我們會盡量抽取一些時間與家人共處。

____ 我們樂於與家人一同傾談。

____ 有家庭活動時，我們都一定會參與。

____ 當我們要做決定時，會向家人諮詢。

____ 家人能聚在一起是十分重要的。

27分以上

一家人團結一致，彼此珍惜大家，大家有困難會一同解決，請繼續保持高質素的陪伴。

18至26分

家人的陪伴並非排在第一位，但你也明白家人的重要性，所以你會花時間與家人共聚，繼續建立有質素的陪伴。

9至18分

你與家人陪伴的時間有限，所以需要多花時間與家人共處及多關心他們，否則很難建立有質素的陪伴。

9分以下

你對家庭不太關心，彼此欠缺了解及溝通，請多多花時間與他們相處，多了解彼此情況，才能建立有質素的陪伴。

親職教育

在節日中表達愛

大家可知道聖誕節的真正意義？聖誕節是記念耶穌降生對人類帶來希望、愛與平安。故筆者覺得聖誕節除了交換禮物和吃聖誕大餐外，亦是向家人、愛人及孩子表達愛與關懷的最好時刻。在華人社會中，向人表達愛而讓對方感受到實在是一件不易事情。根據著名婚姻專家（Gary Chapman），運用「五種愛的言語表達」，可以讓身邊人更易感受到愛。讓我們在佳節嘗試運用「五種愛的言語表達」，增加與家人的親密感。

愛的說話

在節日中當你感受到家人的愛時，請記得要立刻說出口。例如你與家人吃聖誕大餐，當你感激家人陪伴時，就請直接向他們開口表達，你可以說：「有你一起太好了！」並感謝他為你安排的一切，讓他收到你對他的愛，覺得為你付出是值得的。

愛的時光

在節日中營造精心時刻。筆者覺得精心時刻就是一家人在一起，故我會把專注力放在一家人喜歡的活動上。筆者喜歡露營，故在節日期間會與家人朋友在大自然露營。大家一同放下手機，在戶外享受美味的食物及不同節目，專注與家人共享美好時光。

愛的服務

我們要真誠地為對方服務。例如在節日中為家人安排一餐美味料理、進行家居聖誕布置、準備各人需要的物品，以服務向家人表示你對他們的愛。

愛的行動

贈送禮物是向對方表達愛的一個好方法。禮物不一定要非常昂貴，更重要的是能否表達到你對家人的心意，讓他們感受到受重視。例如筆者知道女兒喜歡吃朱古力蛋糕，在佳節中為她準備一個聖誕特定朱古力蛋糕，給予她小驚喜，讓她感到我對她的愛。

愛的接觸

華人社會比較含蓄，不善於用身體表達愛。其實身體接觸可以好簡單，**在節日中與家人手牽手在街中欣賞燈飾、互相擁抱迎接新的一年**，彼此輕拍膊頭以謝謝家人為你的付出，這是增加家人間的親密感的好方法。

希望大家能多運用「五種愛的言語表達」，讓我們在佳節中建立更美好的家人關係，享受節日給予人美好的時光。

家長回應

「在五個表達愛的語言裡，我比較常用的是『愛的服務』。除了照顧日常起居生活，我亦喜歡在節日或某些特別日子張羅一切，為家人準備驚喜。看到家人臉上的笑容，讓我覺得很有滿足感。反之，『愛的說話』則比較少用到。可能關乎原生家庭，因大家不太慣於用言語表達愛，往往是『愛在心裡口難開』。」

– Ruby –

「五個表達愛的語言裡，我最多用『愛的時光』和『愛的接觸』。『愛的時光』方面，因為我和老公平日也要工作，親子時光對我們來說好重要，例如會與小朋友睡前談天或講故事、假日去球場打球、圖書館等。

至於『愛的接觸』。我每晚睡前都會輕吻小兒的臉，說聲晚安。而『愛的說話』，自從小兒上小學，老公負責早上送小孩，我會對他說：『辛苦您早起床送小孩上學，有你真好！』。最後是『愛的服務』或『愛的行動』，小兒需要下午留校用餐，我很享受為小兒準備午餐，他每次回來都讚好，我感到很開心。」

– Eva –

親職教育

為人父母的焦慮

現代父母的教育程度普遍提高，對於協助子女達至成功有更積極的參與，亦有更高的期望。他們很積極地認識不同的管教方法，搜集不同的資訊，讓孩子學習不同的學術和非學術的技能，就讀直資、私立或國際學校等，渴望協助子女成功。

回想起六七十年代的香港，那時的家庭普遍有三至五個孩子，有的甚至更多，父母能夠在經濟上讓孩子溫飽，並且讓他們在政府資助的傳統學校讀書，已經很了不起了。現代的孩子可以說是幸福的，**父母普遍願意積極投入各方面的資源協助子女成功。**

另一方面，**現代孩子的精神健康受到不少挑戰**，兒童及青少年的抑鬱和焦慮情況惹人關注。為甚麼父母愈勤奮，孩子好像愈焦慮呢？當然每個家庭故事都不一樣，但**焦慮的孩子背後往往有焦慮的父母**。父母最大的焦慮可能是害怕孩子在競爭中落後，被比下去成為失敗者，又擔心他們將來未能以高薪厚職養活自己及家人。**學習管理自己的焦慮，似乎是父母學習管教的先修班。**

如何可以處理自己管教上的焦慮呢？其中一個方法就是**觀察及發現自己孩子的強項，不要過分集中在他學校裡面的學習表現**。例如，有一位孩子患有專注力失調 / 過度活躍症的媽媽，她曾經極度擔心孩子因為患上這個症狀而對他學習不利，將來在社會難以生存。後來從生活中的幾次突發事件中，她驚訝地發現孩子解決問題的能力很高，能夠臨危不亂，這些事情令她對孩子驟然充滿了信心，覺得即使孩子的學業成績不如理想，他也絕對能夠在社會上生存。

事實上，將來要在職場上生存甚至成功，需要很多軟實力及學術以外的技能，這些能力的重要性不比中、英、數重要性低，但是學校制度往往無法有效地評估學生這些能力。**父母需要有超越的視野，克服自己的焦慮，避免用狹隘的標準看待孩子，才能夠帶領孩子超越現實的限制，將自己的潛質能力發揮，達到成功。**

家長回應

「這個年代物質普遍富裕，生活較富足。不少家庭為了追求更好的生活或滿足生活所需，父母都需要雙職工作，孩子則交由自己父母及或傭人代為照顧。這會衍生出一些問題，例如祖父母因為管教方法較傳統、工人照顧太周到，對孩子行為或心理上造成一定的影響，形成親子間的管教問題。

加上在疫情期間，限聚令導致社區活動及遊樂設施暫停開放，不少活動被迫停止，減少了外出機會。孩子留在家中唯有打機上網消遣，有些更沉溺上網，甚至廢寢忘餐，令不少父母擔憂不已！

再者，父母工作時間長及社會要求高，回家還要教養孩子，真是身心俱疲，因此與孩子溝通時間相對減少，導致一些社會問題出現，所以現今為人父母一點也不易！」

– 太陽花 –

「正如法國作家羅曼・羅蘭所說：『世界上只有一種真正的英雄主義，那就是在認識生命的真相後，依然熱愛生活。』也許世界上所謂成功的父母，是那些在認識子女的不完美後依然無條件地接受他們，並努力尋找他們的發光點，告訴他們：『只要你們願意，就一定可以成為照亮某人某處的光。』」

– 愛麗斯 –

親職教育

你的孩子經歷過反叛期嗎？

坊間一般的說法是青少年會經歷反叛期，意思是他們不會像小學生般那麼順服聽話，他們開始有主見，表達自己與大人不同的想法和喜好，表達過程中可能帶著強烈的情緒，令大人感到被冒犯和不安，覺得不能像以往般控制孩子的思想和行為。

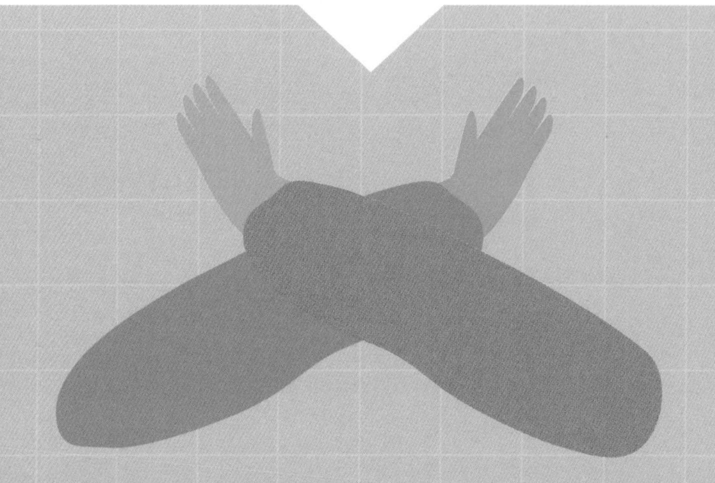

事實上，這個階段**是年青人學習成為一位成人，邁向獨立自主，學習為自己的人生負責的必然過程**。若然你的子女會提出與你不同的意見和想法，那就恭喜你們了，因為這證明你的孩子是健康的。既然這是健康的成長特色，為甚麼有一些家庭會為此感到煩惱呢？

孩子的改變其實是提示父母需要調節自己，給予年青人更多的自由空間去活出他們獨特的生命，以及他們喜歡的待人處事生活方式。若然父母認為只有自己的想法和做法才是絕對正確的，才能為子女帶來最美好的出路，這樣不但會收窄了兩代之間能夠互相聆聽和坦誠分享的空間，還造成誤會和矛盾。

在家庭裡愈早能夠**製造空間讓子女發表意見，與父母討價還價，在過程中認識自己，探索自己不同的角色，父母讓他們學習為自己做決定**，這個反叛期的問題可能愈早得到處理，因為他們年紀小的時候已經學習向家人表達自己意見和需要，而家人亦一直有機會學習聆聽孩子的聲音和需要，學習調節自己的期望和要求。長期練習後，健康的家庭溝通模式出現了，即使到了青少年階段，也不會有特別明顯的反叛情況，因為不需要反叛，年青人也能夠有空間做回真正的自己，心理上能夠邁向健康的獨立自主。

值得留意的是，**傳統中國人家長都渴望孩子聽話順服**，並且學業成績優秀。當孩子又聽話學業成績又好，便以為孩子成長得健康。**事實上可能是暗藏危機！**因為孩子可能壓抑了自己的想法和需要，不懂得或者不敢和大人溝通，到了青少年期甚至成人期，才夠膽活出真我，這樣會對家庭關係造成很大的衝擊。聰明的家長，還是盡早協助孩子邁向獨立自主為妙！

青年回應

「我自己都有經歷過反叛期，我的反叛期在中學甚至再大一點的時候，那時發現父母所講的和我想要的東西基本上很不同，也發現到父母開始和時代有點脫節，他們的意見對眼前情況不太有用，我想做的東西和他們的意見又不同。對於我想做的東西，他們始終根據他們那個時代的知識去判定，便會覺得我的做法不好。所以，以前和父母經歷了很多拗撬，我認為一件事應該這樣做，他們會覺得不好，又說這樣很蠢，所以便會吵架。但最終怎樣解決呢，我覺得始終也需要磨合，最後也經過很長時間的互相理解，大家也放下成見，解決了這個問題。」

－ 偉 －

親職教育

孩子哭鬧的背後

筆者最近收到一位家長的查詢，表示孩子很「扭計」，經常哭得很「長氣」。家長好言相勸不聽；大聲吆喝亦無效，最後，基於不忍心他哭到眼睛腫得像核桃，唯有遷就他，最後他才破涕為笑。事情就這樣完滿解決了嗎？家長管教孩子遇到這情況應該如何處理呢？

筆者認為**家長先要穩住自己的情緒，對自己的反應保持敏感**，例如透過深呼吸平復心情，甚至有需要時可離開現場，讓自己冷靜下來，以平穩心情應付孩子的哭鬧。因為家長帶著情緒管教子女，很容易引發親子衝突及影響關係。之後，家長需要**給予孩子一定的空間讓他們冷靜，用眼、耳及心感受他們**，用同理心表達其情緒。例如見孩子流淚，可以說「我感到你好難過嗚」。見到孩子生氣不作聲，可以說「我見你有些事讓你動怒起來嗚」。孩子知道父母了解其感受，就學會用語言形容和抒發自己感受，減少哭鬧出現。與此同時，家長可**運用觀察力及對孩子的認識，了解其情緒背後的原因或需要**，這些資料對處理孩子問題有很大的幫助。

當孩子平靜下來，可以先讓孩子了解自己的情緒表現，再協助他處理背後事情。家長可告訴孩子明白他及問題原因，客觀地表示哭泣本身不是問題，但因此而出現的偏差行為（例如因此長時間大叫或打人）並不恰當或已超越應有的底線。家長願意**與孩子一齊討論及尋找不同的解決方法**。孩子學會以理性解決問題，以適當方式表達，對事情更有幫助。

其實孩子哭鬧的背後蘊藏著孩子未說出的話及未學懂的表達，需要家長耐心了解及循循善誘教導，才能讓他們茁壯成長。

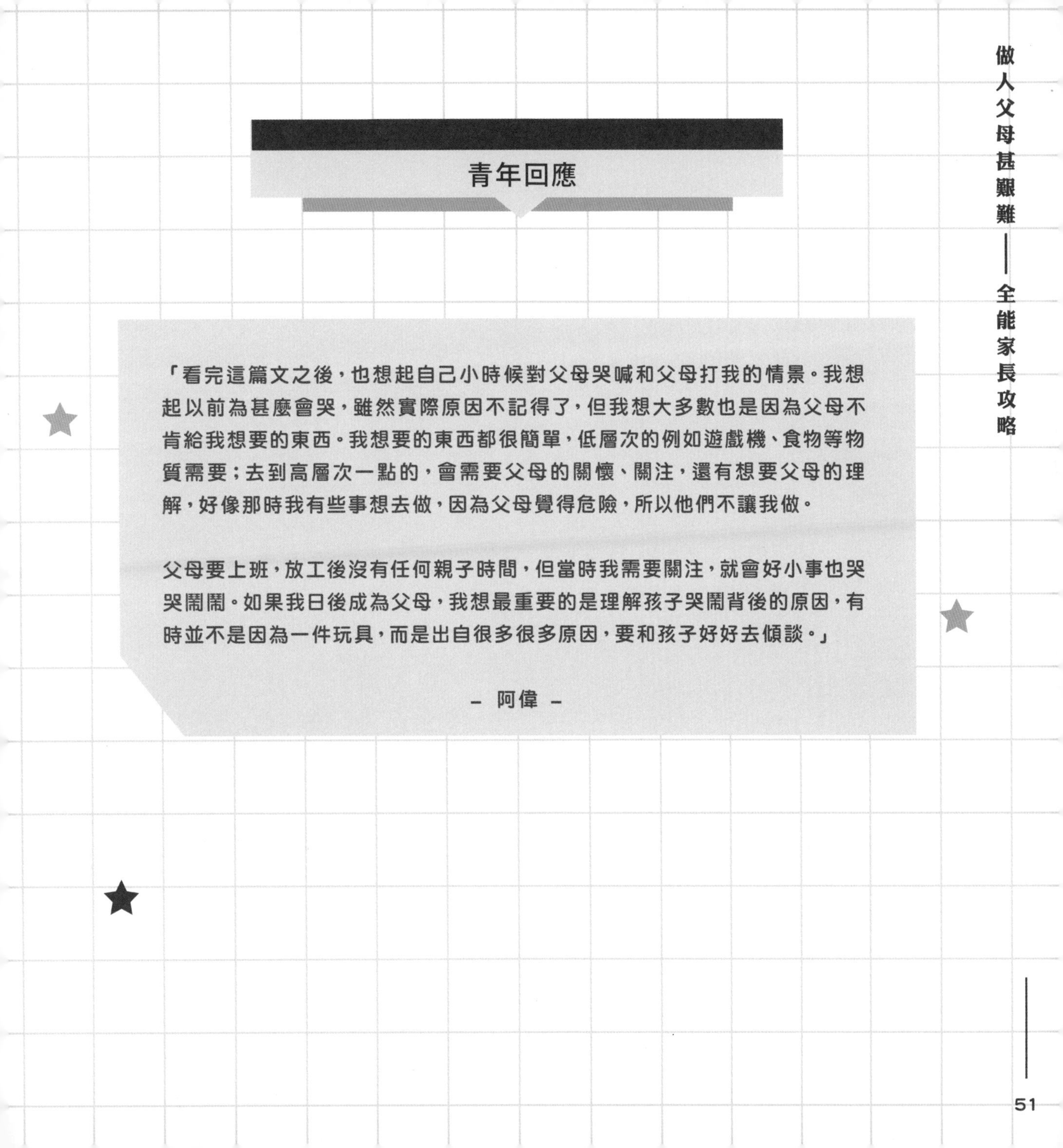

青年回應

「看完這篇文之後，也想起自己小時候對父母哭喊和父母打我的情景。我想起以前為甚麼會哭，雖然實際原因不記得了，但我想大多數也是因為父母不肯給我想要的東西。我想要的東西都很簡單，低層次的例如遊戲機、食物等物質需要；去到高層次一點的，會需要父母的關懷、關注，還有想要父母的理解，好像那時我有些事想去做，因為父母覺得危險，所以他們不讓我做。

父母要上班，放工後沒有任何親子時間，但當時我需要關注，就會好小事也哭哭鬧鬧。如果我日後成為父母，我想最重要的是理解孩子哭鬧背後的原因，有時並不是因為一件玩具，而是出自很多很多原因，要和孩子好好去傾談。」

– 阿偉 –

親職教育

好好話別

最近的家庭聚會中，小女孩告訴我，她有四位同學移民外國，一邊說，一邊流露不捨及無奈之情，筆者作出安撫之餘，更感嘆近年社會的轉變已影響到孩子心靈，這種情況容易被成年人「走漏眼」。

近年受移民潮影響，據說本港中小學生在短短一年間已流失不少學生。若移民潮持續，預計未來一年情況將更嚴重，**離愁別緒可影響孩子情緒，家長應如何回應呢？**我相信家長亦曾經歷親友、朋友或同事移民離港，在成年人的世界，較容易以適切話別及使用科技保持聯絡，不捨之情可以慢慢釋懷。然而，大家能以同理心了解孩子的感受嗎？

其實無論甚麼年紀的孩子，也會因其社交圈子，例如學校班中的成員變化而引發感受。若家長能適當引導，可**讓孩子明白及接納別離乃常見的人生課題，學懂珍惜現在**，才能加強孩子的正能量。

我們可以透過**細心觀察孩子的行為**，例如是否突然變得沉默或情緒化，以了解他們的經歷與改變。當然我們主動關心、增加親子間溝通及了解孩子生活近況，就更能掌握孩子的需要及作適切回應。

我們可以**鼓勵孩子跟自己的朋友及同學說再見**。有些孩子可能不懂用言語說再見，可以贈送小禮物與人道別。只要給孩子機會及空間，無論哪種形式的道別也可以。我們亦可以協助孩子與友人建立新的聯繫方式，離別之後仍可保持一定程度的接觸，使孩子間友誼得以維繫。我們更可把握機會，引導孩子學習珍惜當下，重視親人與朋友的關係和學習適當表達自己及關心別人。

適當協助孩子與朋友好好說再見，既可將孩子負面情緒轉化為正面態度，更可實在地讓他們經歷人生成長課，故家長千萬不要錯過這學習機會。

青年回應

「小朋友會不捨得好朋友，因為以為朋友離開香港後，便沒有再與朋友見面的機會。家長可以跟小朋友說，即使離開了香港，也可以用不同的方法和朋友在一起。」

– 梁紫賢小朋友 –

「今年已經有兩位好朋友離開了香港，不知道他們現在在做甚麼？我很想念他們，會時時想起大家在學校小息一同分享零食的時刻，不知道我們還有沒有機會再相聚。幸好媽媽協助我們視像通話，可以見到他們現在生活很愉快！」

– 琪琪 –

親職教育

我家有個小霸王

小孩無故哭鬧及亂發脾氣，父母無計可施？筆者在此分享一位家長的真實經歷，與大家探討當中處理方法。

故事的主人翁是一位媽媽，她與五歲的女兒、丈夫、老爺和奶奶同住。女兒經常在家無故大哭大鬧，並要滿足各式各樣的要求才停止行為。家長軟硬兼施也無法解決困局，有時只能「投降」，更演化成女兒以撞牆及追打祖父母方式，取得自己心中所要。父母也只能順著女兒滿足其要求，平息每天的風波。

若以行為學派的學習理論分析，便可以明白這案例。行為學派強調人的行為是受著刺激所影響，當一種刺激出現，就會衍生特定的結果，相關的行為便會增強。簡單來說，案例中的女兒出現哭鬧行為，父母便會給予女兒想要的事物，於是便增強了女兒的哭鬧行為，某程度上，**獎勵與哭鬧行為互相連繫了**。

有見及此，要女兒哭鬧行為停止，**最有效的方法是把該行為原本帶來的好結果拿走**：即當女兒哭鬧行為出現時，不再給她想要的事物。家長若不停重覆回應，哭鬧行為便會漸漸消減。唯最初實行時，女兒的哭鬧行為或會變本加厲，因她會用更強烈的負面方式來追求想要的東西。家長需要給予孩子耐性及堅持拿走結果，才能慢慢改善情況。

設立獎勵機制的目的是鼓勵孩子好行為。當孩子做到好行為時給予獎勵，好行為便會增強，每次獎勵時要清楚說明是基於哪一種行為，例如「媽媽欣賞你今天完成所有功課才開始玩耍，所以獎勵你一個貼紙。」最後，謹記獎勵只伴隨正面的行為，切勿讓獎勵與不恰當的行為掛勾，這才是管教子女的關鍵所在。

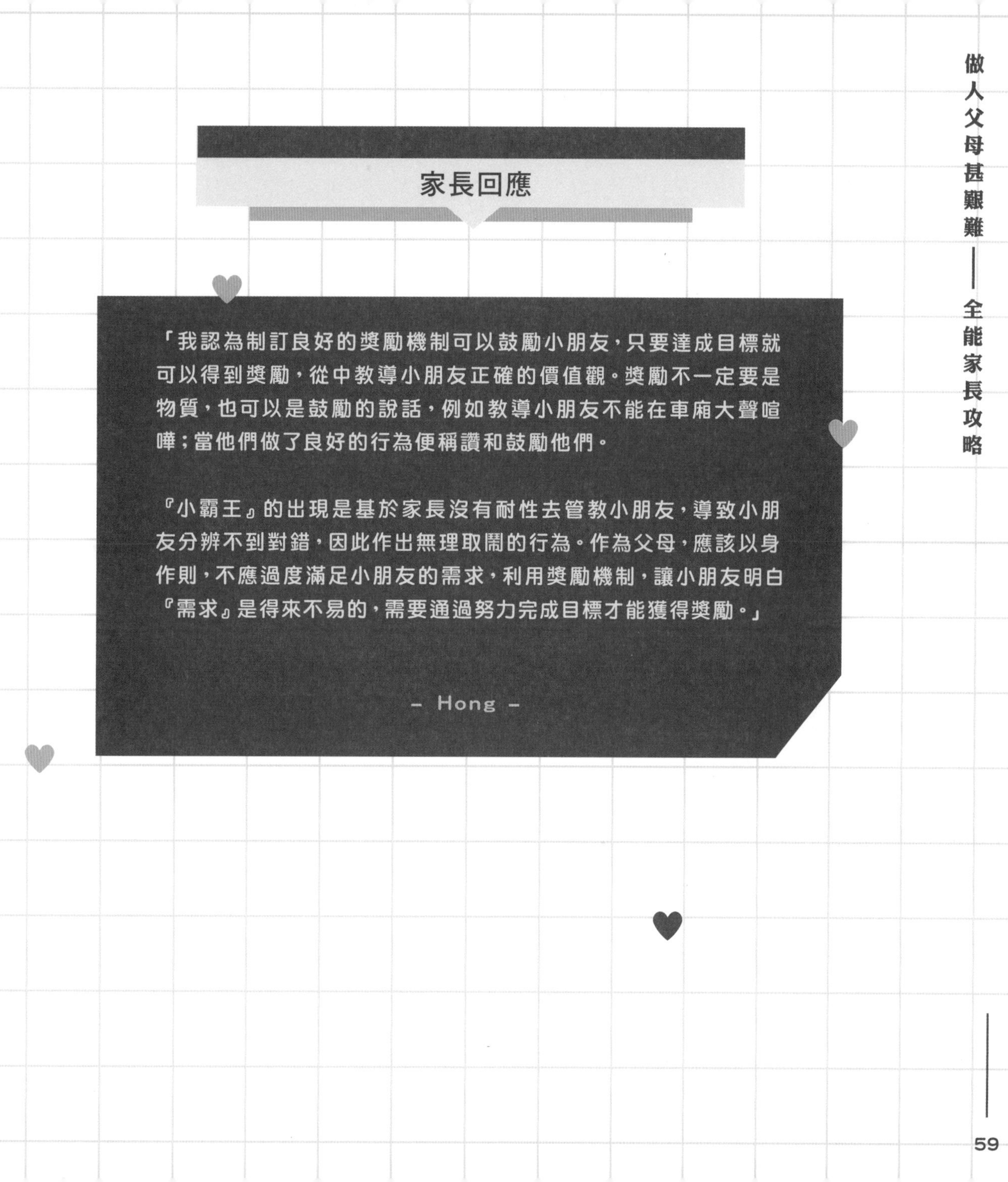

家長回應

「我認為制訂良好的獎勵機制可以鼓勵小朋友，只要達成目標就可以得到獎勵，從中教導小朋友正確的價值觀。獎勵不一定要是物質，也可以是鼓勵的說話，例如教導小朋友不能在車廂大聲喧嘩；當他們做了良好的行為便稱讚和鼓勵他們。

『小霸王』的出現是基於家長沒有耐性去管教小朋友，導致小朋友分辨不到對錯，因此作出無理取鬧的行為。作為父母，應該以身作則，不應過度滿足小朋友的需求，利用獎勵機制，讓小朋友明白『需求』是得來不易的，需要通過努力完成目標才能獲得獎勵。」

– Hong –

親子關係

親子關係

孩子做錯事，點算？

孩子做錯事時，家長一般會懲罰子女，因為懲罰能讓子女知道自己錯處，將來避免同樣情況再發生。部分家長傾向與子女說教，因為子女認同父母的話就意味著他們不會再做，父母自然安心。

但你有否聽過孩子這樣回應：「我覺得媽媽不講理，我恨死佢」、「我以後不會再同爸爸講，佢永遠都係對，我永遠都係錯。」原來懲罰或說教雖能停止子女再犯錯，但有機會影響親子關係及彼此互信；更嚴重是子女為求自保，會慢慢拒絕承擔過錯。

筆者建議當子女做錯事時，家長可嘗試這樣做：

家長保持冷靜

當家長知道子女做錯事時，容易感到憤怒。但如果我們把憤怒直接釋放在子女身上，他們會出現驚慌、傷心或不被理解的負面情緒，並以發脾氣或破壞性行為表達。故家長必須**在處理問題前好好平靜自己**，以免影響子女處理問題的能力。

聆聽反映感受

當孩子做錯事，他們最想得到的其實是父母的明白及接受，故家長要有耐性與他們溝通。即使他們的價值觀有時需要調節，但請**先放下說教想法，專注了解及感受他們的感受**，目的是讓他覺得你想明白他，他才能進一步表達自己，尋找核心問題去處理。

表達感受想法

家長明白接受孩子的情緒不等於接受他們錯誤行為。故當孩子感到父母接受自己後，父母可以**分享對事件的感受及看法，同時說明錯誤之處及改正方案**，孩子才會明白可以如何處理。

商討改正方案

家長**可按子女能力與子女共同思考及落實改正問題的方法**，執行方法需要具體、有時間性、可量度及是子女能力所及的，這樣子女才能有信心跟隨方法改正錯誤，同時讓他體會到自己有承擔錯誤的能力。

一段良好的親子關係對孩子的成長起著保護作用。故當子女做錯事，父母更需要耐心了解他們感受，讓他們感到受尊重，透過坦誠分享及處理錯誤同時，好好保護親子關係。

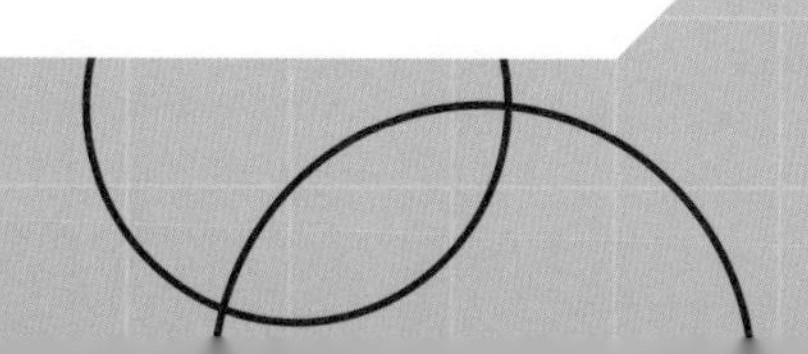

社工回應

如何處理處理親子衝突?

處理親子衝突,乃為人父母必經的挑戰,問題在於如何處理。很多家長經常埋怨跟足社工建議都無法改善親子關係,原因何在?

以下就是老生常談的處理方法:

1. 家長保持冷靜;
2. 聆聽反映感受;
3. 表達感受想法;
4. 商討改正方案。

關鍵問題是這幾個步驟,究竟是技巧問題還是心態問題?

每個人天生有其獨特性亦有其限制,例如步驟一的保持冷靜,好些家長天生在這方面較為容易衝動,也有些家長對「冷靜」有不同定義:「我已經好冷靜,但佢都唔聽,唔通唔話佢?」;又如步驟二的反映感受,我們得承認有些人在表達感受方面是有困難的,要情文並茂地向子女講:「我好明白你感受⋯⋯」的確有點難為情。

作為家長,首先要明白及接受自己在這方面的不足,針對問題加以練習,才有能力成熟運用技巧處理親子衝突。

網上經常有些人諷刺說:「生仔要攞牌」,雖然過分刻薄,但做父母一定要有學習的心態,方可以面對子女成長的挑戰。有好的心態,學習技巧才會事半功倍。

知不足然後學習,是心態,也是技巧。

親子關係

和女兒看電影

較早前和女兒一齊看電影《女人香》(Scent of a Woman),女兒考筆者:「如果你是男主角,你會出賣同學向學校告密嗎?」估不到之後朋友爭相問我該如何作答。

《女人香》是一套1992年的荷里活電影，講述品學兼優的男主角目擊同學作弄老師，之後被學校要求做證人，否則會被踢出校及取消獎學金，而男主角為此陷入天人交戰。電影在當年頗受注目，年青時候，朋友之間亦常以此為題互相討論，想不到數十年後又要再作答一次。

因為有了幾十年前的訓練，要答女兒其實很容易：男主角和那位犯事的同學根本就不熟悉、電影亦有交待那位同學即使出事後果也不嚴重。事實上那位同學真的犯了事，主角講事實是合乎道德的，學校只是執行校規……所以向學校交待事實似乎是應有之義。但想深一層，女兒問這個問題，不是要一個標準答案吧，她問的（也是電影問的）是一個價值觀的問題：究竟甚麼是對？如何判斷？在現實應該如何行事？**我給她一個答案非常容易，但她照單全收之後，真的解決了她的疑問嗎？**

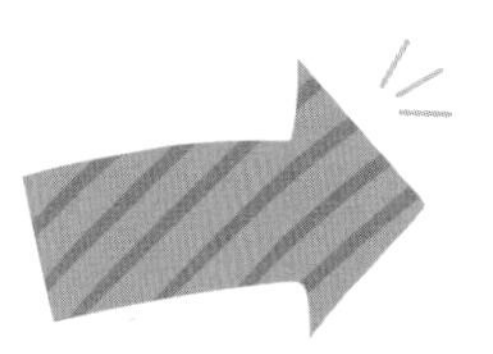

筆者那時意識到這是難得一次的價值觀教育機會，大門今次開啟了，下次就未必有機會。怎樣可以令她以後繼續和我交流呢？筆者記得當時沒有告訴她任何答案，反而只是問她，為甚麼對這個問題產生興趣？原來她在某次學校面試中，有人問到這個問題。打蛇隨棍上，我問她如何作答，於是她興致勃勃地詳細講了當時的情況，之前她面試完也沒有和我說那麼多。

在子女長大之前能夠有深入的溝通是值得珍惜的。一時三刻的標準答案或許很易，但水過鴨背說了標準答案後，她未必全單照收，反而太快完結了對話，下次就未必再有機會展開話題。**下次子女問你問題時，不妨先聽聽他們怎麼說，別急著說教。**

回到最初的問題，我已經忘記了當時有沒有回答，但我慶幸，她終於和我說羅賓威廉士，而不是一味的韓星了。

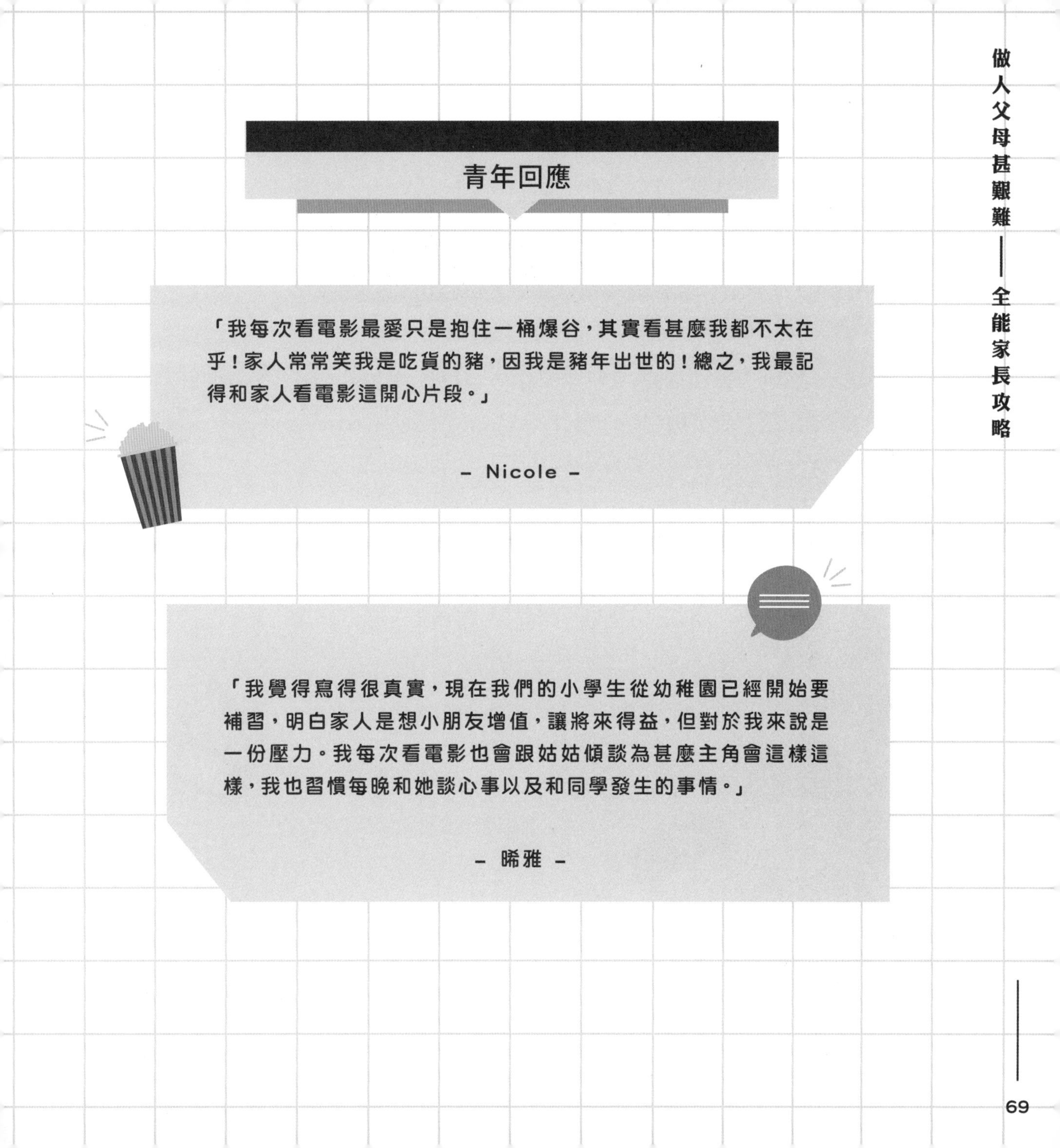

青年回應

「我每次看電影最愛只是抱住一桶爆谷，其實看甚麼我都不太在乎！家人常常笑我是吃貨的豬，因我是豬年出世的！總之，我最記得和家人看電影這開心片段。」

– Nicole –

「我覺得寫得很真實，現在我們的小學生從幼稚園已經開始要補習，明白家人是想小朋友增值，讓將來得益，但對於我來說是一份壓力。我每次看電影也會跟姑姑傾談為甚麼主角會這樣這樣，我也習慣每晚和她談心事以及和同學發生的事情。」

– 晞雅 –

親子關係

上網拉近親子距離

筆者跟朋友分享和女兒看電影的經驗，他們紛紛問道有甚麼招數拉近親子距離。

於是筆者綜合朋友和自己的經驗，在這裡和大家分享。

A君喜歡看國產劇，她女兒則只愛韓劇，每晚兩母女一起挨在床上各自看劇互相交流心得。A君說因為討論劇情，她理解多了女兒的網上世界及內心感受。

B君的兒子喜歡小動物，所以爸爸經常上網找一些可愛貓狗的短片給兒子，兒子亦會主動分享有趣之作。雖然因居所關係未能養寵物，但已成功吸引兒子同意之後一起做動物義工。

C君就趁流行音樂頒獎禮直播時和女兒邊看邊上網找資料。出乎意料地，女兒雖然熟悉多數歌曲，但對主唱人的面孔就印象模糊。C君發現新一代上網聽歌是水過鴨背，不似我們年青時會買「YES卡」、剪報睇娛樂、副刊追明星。

D君兒子喜歡音樂，他就買了支結他放在家中鼓勵他上網自學，兩個月後兒子主動要求上結他課。某日兒子問他喜歡台灣音樂嗎，他以為又是「五月天」，原來是一隊他聞所未聞的「告五人」，友人聽落覺得很好，他才發現兒子的音樂世界遠超我們想像，更慶幸踏入青春期兒子肯和他分享音樂。

至於筆者，則又是電影。女兒說，韓國朋友以為每一個香港人都看過《英雄本色》，韓國人認為《英雄本色》是經典神級，於是筆者又有藉口拉著女兒重溫一次。之後，筆者還約她一起跑步見證電影中的場景：土瓜灣的紅色停車場和堅記車房、銅鑼灣的「Mark哥大樓」和聖保祿醫院、中環香港會、飛鵝山夜景和大廟，一起發現最後一場大戰的西沙灣原來並不存在，「香港原來沒有西沙灣」！

朋友各出奇謀，一人一招集腋成裘，不約而同表示**透過子女的興趣入手，不單多了和子女交流的機會，子女也會樂意主動分享。**誰說現今世代子女只會上網成癮？

社工回應

子女上網/玩手機引起親子衝突，已經成為最普遍的親子問題。為甚麼會有這個情況呢？問過家長，大部分答我：「成日上網，怕佢哋浪費時間唔做正經事！」所謂「怕」，其實就是不肯定。

家長不知道子女上網做甚麼。因為不肯定，所以不安，才最易有情緒反應。

雖然我們常說要冷靜面對情緒，但「火」起上來的時候，難以控制是人之常情。要避免發火，除了要學習控制情緒之外，更重要就是理解。

了解子女在做甚麼，理解他們為甚麼上網。

要了解，首先要放下偏見。上網不一定是打機，不一定是浪費時間；可能是發現未知世界，也可能是休息放鬆。放下了偏見，子女感受到你放下敵意，自然肯讓你進入他們的網上世界。

所謂了解與理解，不一定是認同。所謂勉強無幸福，夾硬扮認同子女的網上世界，辛苦之餘亦騙不了子女。有不同意見，不一定是批評，我們年輕時喜歡聽Beyond，父母喜歡聽粵曲，不也是一樣的情況嗎？只要心平氣和，了解、知道、再分享，自然就會少了不安、少了發火的機會。

親子關係

「你」想學校=理想學校？

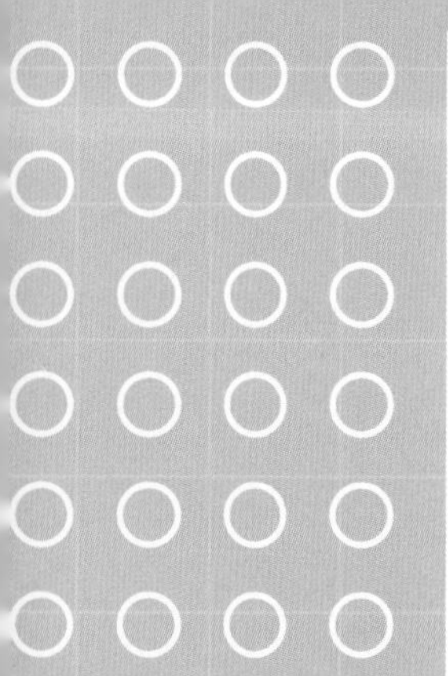

子女成長定必面對多次升學放榜，家長收到放榜結果後心情如何？是開心？是失落？還是其他？此時筆者腦海浮現起當年孩子小一放榜的時刻。

當天一大清早，筆者就急不及待上網查看結果，心跳之快至今仍歷歷在目。「吓，第一及第二志願都落空！」，還好收到第三志願直資小學的「取碌」電郵，心情才又定了下來。只是，當得知街坊朋友A的兒子考進一間能直升直資中學的小學時，筆者就惆悵應否寫求情信去有原校直升的直資小學。經細想後，筆者和丈夫最終選擇順應天命，並學習以最佳的心理狀態引導孩子、祝福孩子，務求讓他能在已取錄的直資小學中享受學習、快樂學習。

現今許多父母，都想為孩子安排最好，無論是飲食、玩樂及教育等，通通都希望選最好的，因此「名校」成了萬千家長的「夢校」。但究竟何是最好的學校？是學費貴、程度深、設施多、老師好、校長佳，還是學生的家境好？孩子究竟在哪所學校最能發揮所長？培養最好品格、學到最多知識、成就最佳人生？一切都難有固定答案。在筆者社工的生涯中，曾見證過不少「band one」學校出了「band three」的孩子；亦看過很多「band three」學校出了「band one」的學生。**說到底，一個人的成材與否取決於許多不同的因素，學校是其一，家庭是另一重要關鍵。**

說回孩子當年，他在那間當時於我眼中只屬第三志願的小學完成了很快樂的六年，然後考進另一所很適合他讀的中學，開心地讀了六年後再以優異的成績為他的中學生涯劃上句號。至於當年那街坊朋友A的孩子雖然小一進了最心儀的小學，之後直升中學，但他及後中六的公開試成績卻是強差人意，最後還得踏上重讀之路。這樣寫出來，不是想將兩個孩子去比較，更不想為他們的未來下結論。反之，我想告訴那些「名落孫山」的孩子家長——**每個孩子的成長路都不一樣，讀「適合」學校比讀「出名」學校更為重要。**我們做父母的，只須盡力而為地陪伴孩子好好成長，讓他們感受到滿滿的愛。至於其他嘛，就得仰賴孩子的自我尋索與造化了。

青年回應

「我對最理想的學校沒有特定概念，但為人父母一定會很擔心自己的小朋友將來學業的選擇，尤其是在現在這個社會，連幼稚園前都要讀N班，其實這樣的形式等同於剝削了他們的童年或一些見聞，變了只著重要進入哪間學校，做好面試，小朋友被迫承受很多無形的壓力。

我在工作上遇過的小學生，沒有特別因為學校的banding而覺得很辛苦，只不過他們常說『媽咪給他們的壓力』或是『Daddy給他們的壓力』反而讓他們最辛苦。學校當然有默書、考試，他們也希望像大人一樣放工回家可以休息一下，但他們就要繼續做功課，這時他們很想爸爸媽媽陪他們一起做，做完可以一起玩，可能在家中看看電視也好，但是可能爸爸媽媽上班下班回家也很累，平日將小孩交給工人照顧，所以他們的壓力會釋放不到出去。

所以關於理想學校，我覺得無論小朋友派到第幾志願也沒甚麼特別，我當時選學校，我媽媽只是講因為那間學校夠近，沒有特別去考慮那學校是怎樣的，我自己也是如此，只是覺得幾舒服，因為近啊！」

－ 興 －

親子關係

媽媽也追星

最近，因著某些電視節目以至網絡世界的威力和助力，男子跳唱組合Mirror、Error等成功「入屋」，迷倒萬千少男、少女以至潮媽、潮爸，有粉絲甚至豪花10萬登廣告祝願偶像生日快樂，這群帶著「韓」味的男子，你懂得多少個？另一邊廂，一群十多二十歲、唱得又跳得兼且「型爆、靚爆」的少女少男歌手， 同樣唱出傳奇，姚焯菲、炎明熹、鍾柔美、冼靖峰等一連串名字……你又認識哪幾個？這股席捲全港的「追星」潮，你感受到嗎？

「阿仔連我生日都無表示，竟然願意不吃午餐儲百元零用錢買生日禮物給他？」

「阿女偈都唔同我傾多句，竟然同個剛相識同是歌迷的朋友傾偈傾通宵？」

「阿仔平時好慳儉，但居然願意「課金」幾百元給那個網紅支持她？ 」

假如你家的孩子是這樣，你會嫉妒嗎？會傷心嗎？還是完全理解和明白他呢？

最近，我有幸可以去紅磡體育館欣賞黎明的演唱會。那一晚，幾乎他所唱的每一首歌我都熟悉。那樣子、那聲線，令人神往興奮。少女時代青春煥發的感覺「返曬來」。隔天，我與老媽分享那份經歷。會計出身的她，著眼點放了在那門票的現金價值，因那金額可夠她女兒我吃許多餐。跟著，再大條道理地說電視網絡上的演唱節目多的是。那一刻，我知道，我倆在不同的頻道說話，亦呼吸著不一樣的空氣。我的角度，她不明白；她的觀點，我也不認同。之後，對著媽媽，我不再說「黎明」。心忖「代」與「代」之間的鴻溝真的不能縮小嗎？

此時，我想起早陣子認識的一位媽媽，為拉近與青春期女兒的距離，她刻意把女兒最愛的韓星片及歌由頭到尾好好地看一看、聽一聽。她才發覺，原來女兒所聽的歌都幾好聽，所追的星也真是「幾閃、幾吸睛」。**原來當那溝通之門打開後，母女間的話題多了，彼此的距離近了；女兒對媽媽所說的話嘛，也就不再左耳入、右耳出了。**

社工回應

讓追星成為拉近親子距離的契機

緊貼時代的步伐，與子女製造話題

最近香港樂壇發展蓬勃，不少新星隨之崛起，而他們也可能會是受我們子女追捧的偶像。現在追星，已不再單純地「舉牌」、「追車」，還可能會用心製作「應援物」，甚至以偶像名義發起慈善行動，以不同方式支持偶像。有時候，孩子不願跟我們常常分享，其中一個主要成因是他們認為我們不是在同一個年代長大，所以不會充分明白他們的嗜好和想法。因此，我們不應固步自封，不妨多從網絡上了解子女感興趣的事物和偶像，讓孩子知道我們願意進入他們的世界，更容易與他們製造話題。

以開放的心支持他們追星

當我們還是年輕人的時候，我們也會有喜歡的偶像和感興趣的事物；同樣地，子女有他們喜歡的藝人也是正常不過的事。在沒有影響學習、財政、社交等狀況下，而子女亦有一定的成熟程度，我們也可嘗試放手讓他們追星，維持良好的親子關係；不過，假如子女因追星而引致負面影響，例如經常睡眠不足、成績大幅倒退，我們便應多加提醒，並向他們灌輸正確的價值觀。

鼓勵孩子從偶像身上學習

孩子會覺得我們嘮叨，也許是因為我們顧著說教，不是用「他們的語言」與他們溝通。如果我們了解孩子的偶像的良好品格，例如勤奮工作、孜孜不倦地學習、勇於創新等，我們可藉此作為例子，鼓勵孩子進步。這樣的溝通方法會較枯燥乏味的說教有趣，同時與孩子拉近距離。

親子關係

青年抑鬱

最近女兒再次問筆者有關抑鬱症的資料，希望筆者介紹便宜的精神科醫生，我嚇了一跳，原來是她又有朋友懷疑患上抑鬱症。筆者即時反應是他們的家人知道嗎？這是最重要一點。不出所料，女兒表示兩個朋友的家人都不相信子女需要看醫生。

為甚麼說「不出所料」呢？因為根據筆者過去的經驗，十之七八的家長會拒絕相信子女有抑鬱症，又或者否定抑鬱症的存在。他們的即時反應通常是「咪亂諗野！」、「人人都會唔開心，過一陣就冇事」、「我哋以前都有唔開心，點會有事？」以為這些家長不關心子女？其實不是，**他們很多都愛子女，但就是不懂得、不理解抑鬱症。**對子女而言，鼓起勇氣向父母求助時，落得被拒絕相信之下場，自然不再會吐露真相，直至外人 / 家人發現時，已經變得嚴重。

抑鬱症在香港有多普遍？多個調查發現香港人的精神健康問題近年漸趨嚴重，分別指出有8.4%（香港心理衛生會，2020）及11.2%（香港大學醫學院，2020）市民患上抑鬱症；年紀較小的市民精神健康相對較差，15至24歲比65歲或以上超出一倍（浸信會愛群社會服務處，2017）。**今時今日，青少年的生活環境與以前大有不同，我們再難用以前經驗衡量他們的處境。**

家長要怎樣才發現子女有抑鬱症？網上有很多抑鬱症的測試，儘管不一定專業，但看多幾遍就會有個大概印象（切記網上測試不可盡信，資訊只能參考作粗略判斷），有了大概印象之後再向專業人士求助，最直接的方法就是聯絡學校社工，他們對這方面有多些知識，能作出適合的轉介。無論最後決定如何治療，家人的支持和信任最重要。在筆者過去的經驗中，幾乎所有「病癒」的青年都表示在**最艱難的日子裡，家人朋友的支持最為重要。**

希望下次家長在見到子女的求救信號時，能夠支持及理解，讓他們覺得獲信任，不要條件反射式的拒絕相信。

家長回應

「我也有過這些憂慮，因為怕小朋友剛剛轉換環境時有很多不適應的地方。例如疫情下由幼稚園上小學，學習模式轉換了，他們要習慣新的學習模式；遇到不如意事或不知怎樣處理的事，孩子不知如何表達時，我們家長的角色就像好朋友，賦予時間、耐性去聆聽小朋友去表達他的內心，引導他如何處理問題，這樣他們才會有信心繼續和家長如朋友一樣交心。

如果小朋友告訴我覺得自己抑鬱，我首先會找出問題所在，如果表癥是可以靠傾訴開解，我會盡量花時間陪伴孩子傾訴，但如察覺問題自己解決不了，我想就需要求醫或找社工和專業心理學家作出深入了解或治療。及早就醫一定比『估估吓』好，及早對症下藥，不要錯過黃金醫治時間。」

– Manly –

「我未有這些擔心，因為仔仔仍然很細，好多時也是我們擔心他的事情，他很多時都只是懶懶閒，我們反而擔心他不懂擔心！如果他真的跟我說他感到抑鬱，我會先了解一下他發生了甚麼事，看看可以如何幫助他。另外，會帶他去看醫生，避免情況變壞。而且要多點陪著他，因為怕他會做傻事。」

– 阿喬 –

親子關係

話中有愛

較早前收到朋友來電，筆者甫拿起耳筒，便聽到朋友怒氣沖沖地說：「我啱啱同我個仔鬧大交，佢日日就喺度打機，飯又唔食，功課又唔做。我叫佢唔好成日打機，用多啲時間去讀書，叫佢學下表哥咁生性，唔好再激死我啦！」

那一刻，我叫朋友先深呼吸三下，讓自己冷靜下來。

然後，我問朋友當時兒子有何回應。朋友無奈地說：「佢叫我唔好煩佢，話我咁鍾意就認表哥做仔，之後就好大力閂埋房門，我都唔知點算好。」

毋容置疑，朋友十分疼愛兒子，但卻經常「口不對心」，說出來的話不但表達不出內心的那一份愛和關心，還引起不少親子衝突。

孩子是我們的摯愛，試問我們又怎樣捨得傷害他們呢？不過，我們或許在不經意間會在話語裡夾雜著批評、比較、否定和命令，令關係慢慢地受到傷害。作為父母，我們的出發點是希望子女身心健康，所以期望子女能適當地控制玩電子遊戲的時間。可是，如果我們立即責罵，子女便會「發動防衛機制」—— 即使這些評論可能是對的，也會「左耳入、右耳出」。道理「聽不入耳」，倒頭來說話不但變得毫無作用，還會造成反效果—— 長此下去，子女會認為父母不理解和認同他們，最後不再樂意與父母溝通，親子關係日漸疏離。

有見及此，我向朋友介紹馬歇爾・盧森堡博士提出的「非暴力溝通」理論中的**「表達四步曲」**，讓朋友能正面地表達對兒子的關心：「仔仔，你已經連續打了三小時遊戲機（**第一步：運用觀察，以陳述式表達事實，不加任何評論**）。媽媽好擔心你（**第二步：表達內心感受**），因為我作為媽媽也十分重視你的眼睛健康（**第三步：表達自己的需要**）。不如玩埋呢局，你停一停，我哋一齊出去行下街，畀對眼睛休息一下先，好嗎？（**第四步：表達合理請求而非命令**）

固然，使用「四步曲」並不能夠立即改變子女的習慣，但透過這個方法，我們便能去除溝通中的「絆腳石」，讓子女感受到父母對自己的關心，從而願意與自己討論和分享，尊重大家的需要和感受，亦減少雙方關係磨擦，慢慢地讓溝通的基礎能在愛中建立。

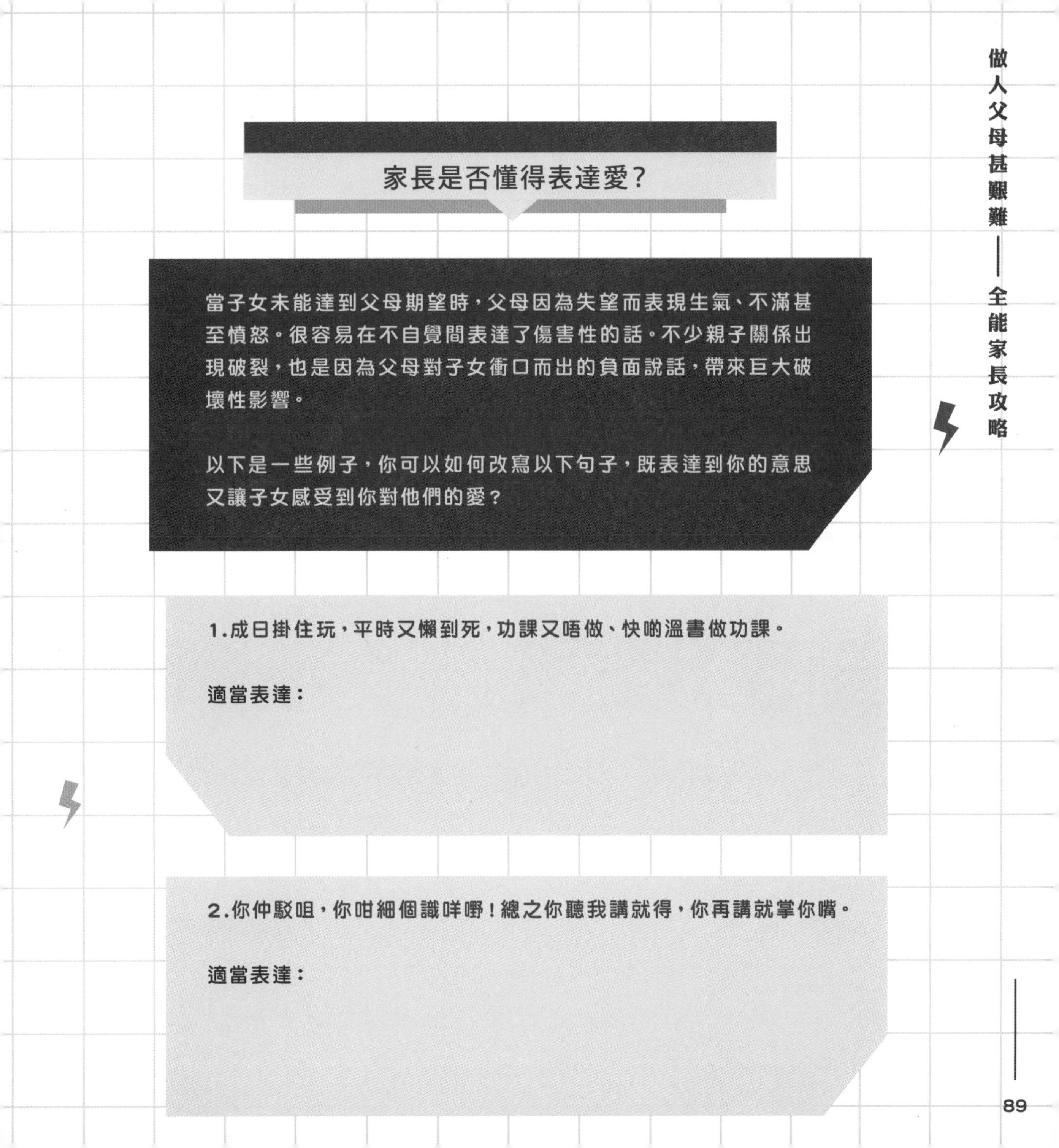

家長是否懂得表達愛？

當子女未能達到父母期望時，父母因為失望而表現生氣、不滿甚至憤怒。很容易在不自覺間表達了傷害性的話。不少親子關係出現破裂，也是因為父母對子女衝口而出的負面說話，帶來巨大破壞性影響。

以下是一些例子，你可以如何改寫以下句子，既表達到你的意思又讓子女感受到你對他們的愛？

1.成日掛住玩，平時又懶到死，功課又唔做、快啲溫書做功課。

適當表達：

2.你仲駁咀，你咁細個識咩嘢！總之你聽我講就得，你再講就掌你嘴。

適當表達：

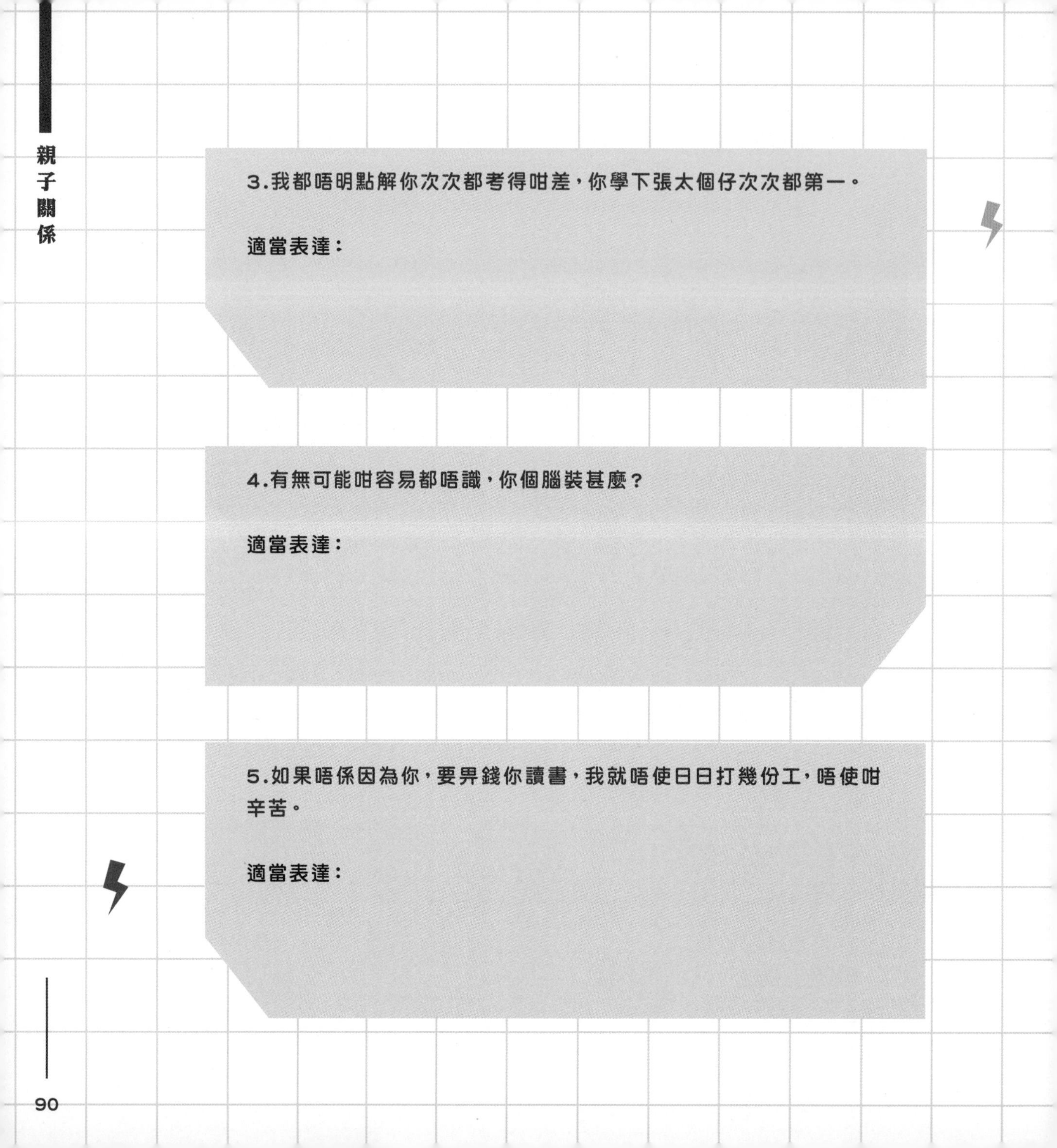

3.我都唔明點解你次次都考得咁差，你學下張太個仔次次都第一。

適當表達：

4.有無可能咁容易都唔識，你個腦裝甚麼？

適當表達：

5.如果唔係因為你，要畀錢你讀書，我就唔使日日打幾份工，唔使咁辛苦。

適當表達：

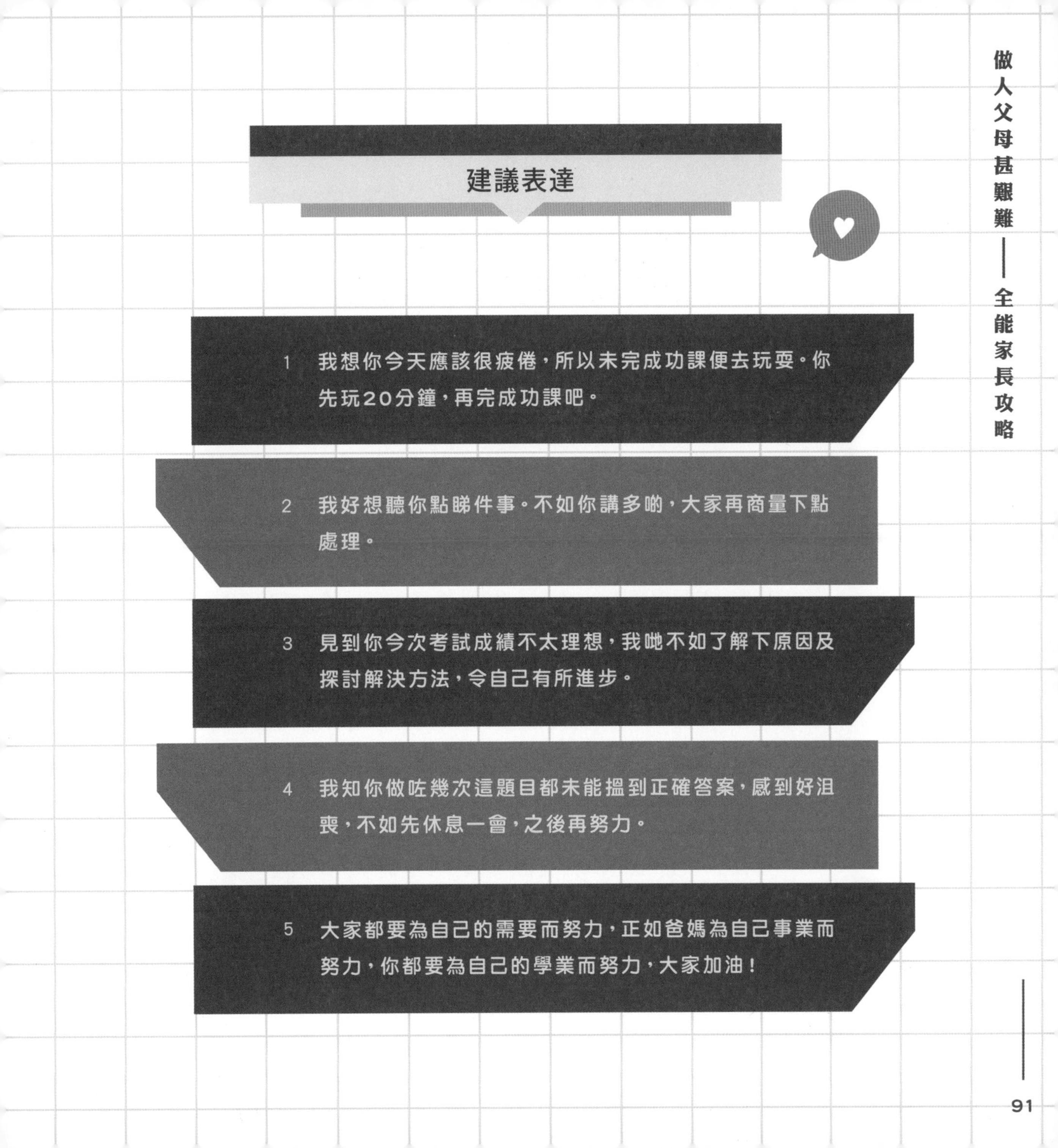

建議表達

1 我想你今天應該很疲倦，所以未完成功課便去玩耍。你先玩20分鐘，再完成功課吧。

2 我好想聽你點睇件事。不如你講多啲，大家再商量下點處理。

3 見到你今次考試成績不太理想，我哋不如了解下原因及探討解決方法，令自己有所進步。

4 我知你做咗幾次這題目都未能搵到正確答案，感到好沮喪，不如先休息一會，之後再努力。

5 大家都要為自己的需要而努力，正如爸媽為自己事業而努力，你都要為自己的學業而努力，大家加油！

親子關係

愛你變成害你

為了讓親子有更多學業以外的共處時光，筆者在任職家庭服務的年頭總會每月舉辦一次遠足活動，讓親子有更多美好的共聚時光。

近年遠足的確比以往更多看到野豬的踪影，每次都會提醒參加者野外是野豬的家，走進別人的家，我們應該學會尊重，避免打擾別人，所以總是會叫大家遠離野豬，亦不要餵食。

在一次旅程中，我們看到有行山客餵飼野豬，義工不忘提醒伯伯不要給他們食物，當時，伯伯破口大罵：「牠這麼可愛，給牠吃一點會怎樣！」，義工繼續解釋餵飼會令野豬不斷繁衍，亦會教育牠們步近人類便會得到食物，到時既會影響到市民安全，亦會威脅到野豬的生命。當然，伯伯還是聽不進耳，我們相信其實伯伯也是**出於喜歡小動物，卻用錯了方法。**

到近日，因野豬數量大增，漁農處為保市民安全四出射殺野豬，引起社會廣大關注，或許這就是「愛你變成害你」。

此種道理放諸家庭教育亦然，相信天下無不愛子女之父母，責之深，愛之切。父母為子女做很多，早在他們未叫餓的時候，我們已先準備飯餸；早在他們未覺冷的時候，我們已為他們準備毛衣。我們也深怕他們受傷害，所以一有狀況，我們一定會為他們挺身而出，不論是面見對方家長還是致電學校老師。

過程中，子女或會表示：「我都不餓！」「我不冷！」「你不要打電話給老師！」但我們總是細心的為他們打點著。久而久之，他們無需自己去感覺飢餓或寒冷，只需乖乖等著我們的服侍，飯來張口、衣來伸手。漸漸，我們也會跟著他到公司面試，遇到無理對待，也會替他致電人事部。

踏足社會後，他們還是等待著工作，等待著機會。我們會問為甚麼你不主動點？為甚麼我沒叫，你就沒做？慢慢他們會被主動積極的人取代，會被社會淘汰，就如同野豬被人道毀滅一樣……

「被人道毀滅」或許太誇張，但被淘汰卻是避免不了，**我們對他的一切關顧也基於愛，動機絕對是良好，但究竟我們的愛是他們成長的踏腳石還是絆腳石？**長此下去我們也一樣，愛他變成害他嗎？

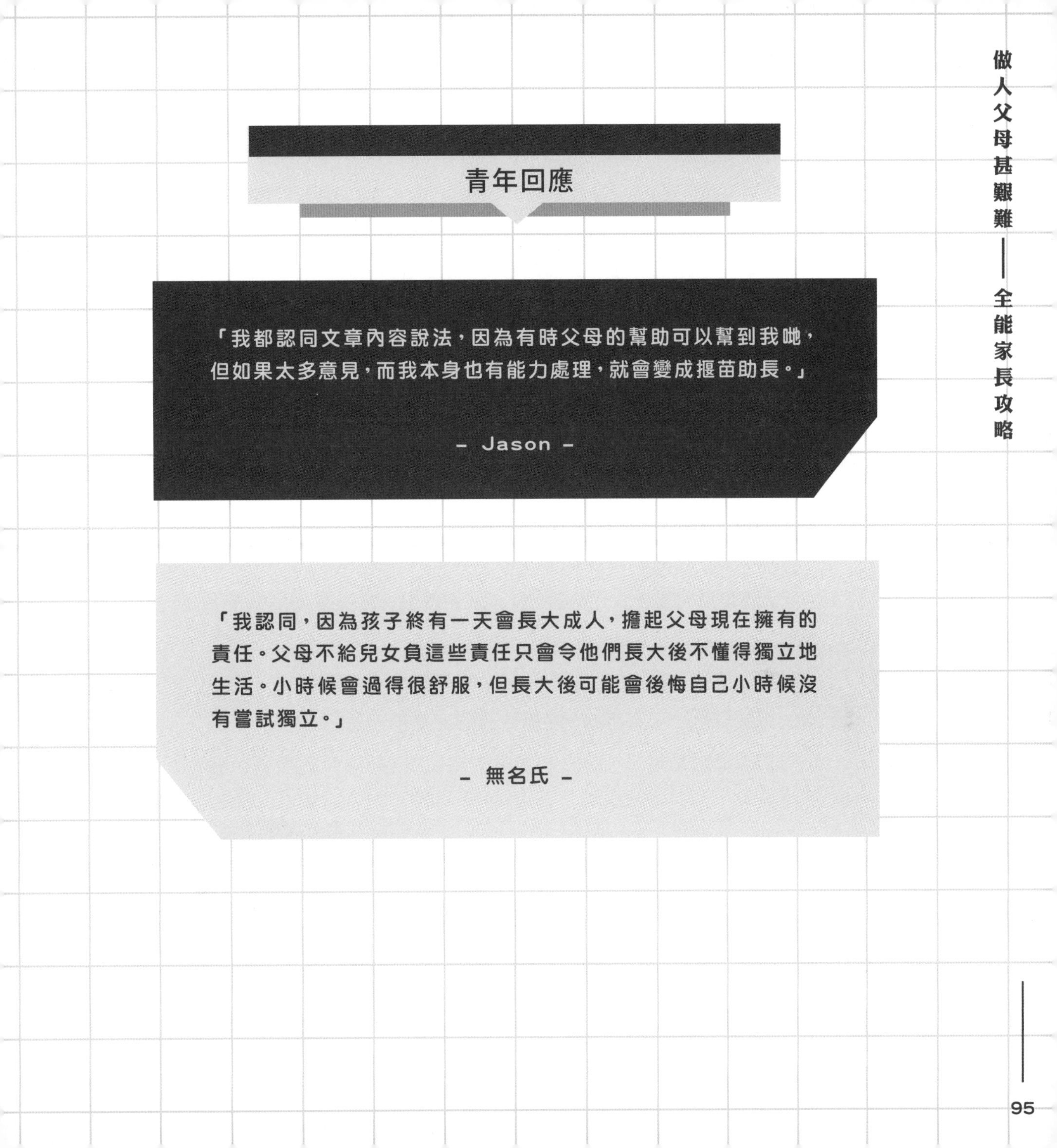

青年回應

「我都認同文章內容說法，因為有時父母的幫助可以幫到我哋，但如果太多意見，而我本身也有能力處理，就會變成揠苗助長。」

– Jason –

「我認同，因為孩子終有一天會長大成人，擔起父母現在擁有的責任。父母不給兒女負這些責任只會令他們長大後不懂得獨立地生活。小時候會過得很舒服，但長大後可能會後悔自己小時候沒有嘗試獨立。」

– 無名氏 –

親子關係

成為孩子的同行者

踏進盛夏，天氣總是反覆無常——一時淅瀝多雨，一時晴空萬里；而面對「放榜」，則總是有人愁雲慘霧，有人喜上眉梢。不論是公開試或是中、小學派位，我們總不能保證每位也能得到滿意的成績或「最好」的結果。不過，作為莘莘學子的家長，我們能夠成為他們的同行者，陪伴他們過渡每個成長「交叉點」，讓他們即使經歷挫折，亦能以正向情緒面對，並從中獲得成長的養分。

每到「放榜」，除了孩子會為此而煩惱，不少家長也會為此而緊張，甚至比他們更為焦慮。無疑地，對方愈是與自己親密，我們愈難讓自己以平靜的心，以客觀和不批判的態度傾聽他們的需要。然而，這些情緒上的轉變也可能會影響到對孩子的回應，甚至會讓本來已飽受壓力的孩子「雪上加霜」。因此，**我們打算關心孩子時，必先注意自己的情緒，然後暫時放下自己的意見和評價，再以尊重的態度聆聽。**如果孩子能感到被接納和了解，相信父母不會對自己的想法作出負面評價，他們便能較放心分享自己的感覺和感受。

此外，**家長應將著眼點放於「現在」，而非「過去」和「將來」。**當我們太著緊子女的成果時，我們或會說出一些令子女難受的說話——例如「翻舊帳」：「都叫咗你要……㗎啦」，或對未來過分負面：「你揀呢間學校 / 呢一科邊有用㗎！」這類想法和說話只會額外加添子女的壓力，亦不能讓他們感受到父母的支持，甚至拉遠親子距離。因此，我們可在放榜前與子女做好準備及部署，一同於網上搜尋升學資訊，懷著「有商有量」的開放態度，計劃各種可能的出路——例如更改原定課程選擇和安排叩門報名等。在放榜後，子女或會擔心新環境的適應問題，因此我們可與他們一起了解該校的文化、背景，以至學科的課程特色及課外活動等資訊，以減低對新環境的焦慮。

其實，我們是一把傘子── 天晴時為他們遮陰；天陰時為他們擋雨。**面對成長中的每個高低跌宕，我們總會在孩子的身邊，給予他們支持。**「兩個人總比一個人好」，生命少不免會出現順流和逆流，但如果孩子能得到父母的多一份支持，相信他們便會更有信心，迎來未來的新挑戰。

家長回應

「人生不如意事十常八九，我們每天都會經歷大大小小的難關。最初我以為所有事情都是獨自面對的，但原來當中有好多人在背後支持。我們不妨放慢腳步，靜心留意，覺察每一件事，欣賞眼前所看到美麗的風景，只要多觀察、多反思及常感恩，慢慢會發現身邊美好的事情。

我也曾經歷大大小小困難及無形壓力才能就讀心儀中學。只要有好的作息、保持心境開朗、專心學習、多做運動及與人分享，就會一切順利。」

– 崎嶇人生媽媽 –

「小孩子由出生開始，爸爸、媽媽及照顧者必然是盡心盡力教導照顧。他們牙牙學語、學走路、學習吃飯、上廁所、穿衣服及刷牙洗面，一路成長。小孩子面對不同挑戰，爸爸媽媽努力為孩子裝備自己，讓子女有勇氣面對人生不同的磨練。

曾聽過一位的士司機的分享，的士司機接載一對剛剛在某名牌小學完成面試的高班小孩子及他的父母。那位家長一坐上的士，就不斷批評孩子面試的表現：兒子作答得不夠體面及反應不夠迅速。父母就是不斷在責罵剛剛完成了面試的小孩子，小孩子沉默不語，連的士司機也感到很大的壓力。

孩子面對不同的挑戰時，已承受著很大的壓力，家長要做的，就是在孩子迎接挑戰之前與他們一同計劃如何面對挑戰，一起準備、一起扶持及互相勉勵，一同走過不同的難關。

完成面對不同的挑戰。無論成功或失敗，高興或者失落，應以正面積極的態度面對。父母可用溫柔的言語及親切的擁抱，肯定孩子的付出，並且以堅定及溫柔態度告訴孩子：『無論結果如何，爸媽都是非常愛你的！』。爸媽也可以行動支持，例如一起去公園遊玩、一起到郊外及一起製作甜品。讓孩子感受除了讀書及入讀心儀的學校外、還明白活出生命意義重要。

無論任何事情也要堅毅不屈，努力前行！爸爸、媽媽和孩子成為彼此的同行者、跨過人生不同的挑戰。」

– 慢活人生媽媽 –

親子關係

放手，對你、對子女也好

「起身刷牙喇，唔係返學就遲到」、「講咗幾多次啲衫唔好周圍掉，有手尾啲啦」，這些說話是否似曾相識？也是你在生活裡的「口頭禪」嗎？

想必每個父母都曾有「皇帝不急太監急」的感覺吧！自己像個熱鍋上的螞蟻時，「大帝們」卻滿不在乎地敷衍你。有一兩個字回應已經算好，最惱人的是他們不把你放在眼內，連眼角都不瞟一眼。當然，身經百戰的你也明白，回應了也只管當「耳邊風」。明明那是他的責任，怎麼不緊張、不在意，自己卻乾着急得無計可施！

對呀，你也知道那是他的本分，哪為何自己卻更上心、更著急呢？怎麼就不見你說要幫子女做功課？難道督促準時起身上學就不是責任問題嗎？既然是相同性質的事情，何以父母們的行為卻不一致？當他們把東西丟三落四，急用上來卻找不到蹤影的後果該是父母承擔的嗎？

父母的擔心來自關心，你的用心良苦子女又豈會不知？但有時過度介入只會適得其反。**子女清楚父母最見不得自己出錯，便合理化你的行為，變得依賴你。**「你唔早啲叫我起身，遲到喇」、「你唔幫我放返好原位，而家我想用但搵唔到」，這些怪責、埋怨可從子女口中聽過？怎麼你變成了做錯事的人？

放手，其實是讓子女學習承擔責任並獨立成長。盲目提醒、照顧與保護僅令子女變為長不大的大人——當習慣有父母「跟手尾」，失去的不但是自理能力，甚至久而久之無法分辨事情的嚴重性。長期在溫室中受到細心照料的花苗又怎能抵擋狂風暴雨的來襲呢？當然，我也不是鼓吹家長完全放手讓子女隨心所欲。放手的程度、力度及範圍由你決定，但起碼不損害生命的事情便讓子女重新肩負起該有的責任，別當一個「苦爸媽」！

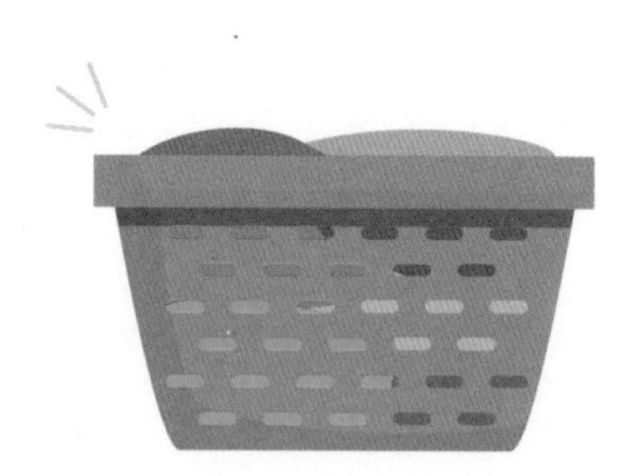

青年回應

「我希望父母多些對我放手，有時大家對不同事物有不同的看法，他們會不斷嘗試讓我接受他們的意見。有時我也不太認同，並不是因為他們十分擾人，並不是因為我與他們抗衡，而是有些事情夾雜在中間，難以一時闡釋。

假如他們只是循例提示一下，我並不介意。我不覺得父母放手後會令我更加肆無忌憚，因為如果我突然變得放肆，父母只會更收緊而不是放手。揠苗助長，大家都可能聽過，家長也會可能用此來教訓小孩，不要急於成功。然而，有部分家長又會經常揠苗助長，過於希望孩子變得出色。我希望父母，是下雨時的護蔭、是浩蕩的海洋中的燈塔、是黑暗中的那點光。」

– 馬灣柏翹 –

「我希望父母可以學習放手，因為我想變得獨立。我不認為父母放手會令我更放肆，因為我明白自己要懂得自律，不應讓父母擔心。在成長路上，我希望父母的角色是陪伴者，伴我成長，並對我放手，支持我的想法和認同我的意見。」

– 小猴 –

親子關係

敲敲門

在疫情期間，不少家庭也曾經歷在家工作和網上學習。這段經歷既可讓家庭成為「戰場」，也可成為家庭關係的「催化劑」。接下來讓我分享，在疫情下，作為兒子的我如何抓緊時機與爸爸拉近關係。

在家工作及學習之初，一家人通常緊閉房門，各自埋頭完成工作。有一天爸爸告知我們，他即將要進行網上會議，請大家不要發出聲響。他在開會之時，也在我完成報告之際，爸爸洪亮的聲線突然穿透我房間，傳來他與下屬激烈討論的聲音。我最後終於忍不住，敲敲他房門並進入他的房間說：「有甚麼討論如此激烈？」。爸爸回答：「同事未能準時交文件，又推卸責任……」。我見爸爸的書枱上一大堆複雜的統計圖和英文報告，不禁慨嘆：「原來你平時的工作是這麼複雜！」。他反問我：「報告進度還好嗎？」。這真切的一聲「還好嗎？」，我心門被打開了。我開始與他分享我學習的情況。我與爸爸的關係正是「這麼近，那麼遠」。平日我看著爸爸的背影，原來對他的工作真的完全不理解。從那天起，我每天也帶著好奇心，定時敲敲爸爸的房門，大家互相慰問，了解彼此在工作及學習上的辛勞。

筆者曾聽到家長分享，表示難以理解子女，即使自己主動關心他們，不知為何親子關係疏遠了。我想，問題是**家長能否找到合適時機，敲敲子女的心門，窺探子女的內心世界？**何謂合適的時機？筆者建議，可待網上遊戲結束或觀看完影片後才與子女分享，也可與子女同枱進餐時，真切慰問：「今日還好嗎？」。儘管起初子女只有零聲的回應，但一句慰問已能讓子女感受到無限的關愛。

良好的親子關係，並非一朝一夕就能成事，而是一點一滴累積得來的。

社工回應

真正的關心

跟孩子分享你的生活

「你做咗功課未？」「考試識唔識做？」為人父母，我們總想跟孩子打開話匣子，進入他們的世界。然而，隨著孩子步入青春期，這樣的溝通方式，也許對他們來說並不是「關心」，而是「拷問」或「問卷調查」── 覺得父母只是「功課專員」，管束著他們，而不是真正的關心。因此，我們可以成為孩子的朋友，除了鼓勵他們與自己分享的生活，自己也可先分享自己的生活點滴，例如工作上遇到的人與事、自己喜歡的歌曲……當孩子感受到你的真誠，嘗試踏出一步建立「雙向溝通」，他們也會更樂於與我們分享。

嘗試了解孩子的喜好

孩子的喜好有很多：有些喜歡聽音樂，有些喜歡運動，也有些喜歡玩手機遊戲……但即使是手機遊戲，其實也有分不同的種類，所以要掌握孩子的真正興趣，實在不容易。我們可以邀請孩子成為「專家」，向我們分享他們的喜好，甚至自己也嘗試一下投入他們有興趣的活動。我們可在過程中了解他們的想法，建立同理心，進一步拉近親子距離。

以行動關心孩子

除了言語上的關心與問候，我們也可以透過行動關心孩子，讓他們更容易感受你們的愛。例如，我們可以間中烹調他們愛吃的飯菜，在他們忙碌的時候送上湯水或飲品，為他們打打氣。

子女技能

子女技能

健康數碼生活四部曲

因疫情關係，有家長因子女使用網絡的時間多了而感到擔心，甚至有家長因不准子女使用電子產品而引發衝突。其實，只要幫助子女建立健康數碼生活，網絡可讓子女接收更多、更廣的資訊，帶來不少便利。以下將會介紹「健康數碼生活四部曲」給大家參考。

第一步：建立平衡網絡生活

網絡世界多姿多彩，當子女在現實中沒有感興趣的事，時間多了，就不自覺地受網絡世界吸引而不能自拔。我們建議家長**從小就要給予子女發展興趣的機會，建立多元化的生活模式**。讓他們感到「現實世界比網絡世界更好玩」的認知。同時，家長可以與他們**趁早定下網絡使用時間、下載軟件及接觸內容等協議**，才能鞏固子女在網絡與現實生活的平衡。

第二步：學習網絡安全知識

網絡世界總有危機，例如帳戶遭黑客入侵、網絡誤交損友及網絡騙案等。家長需要**多了解相關知識及預防方法**，例如設置網上密碼的原則及社交網站的運用方法。當子女在網絡上遇到相關問題時，他們知道父母能夠幫助他，才會願意分享，假如他們覺得與父母有網絡鴻溝，有問題寧可自己處理，也不找父母協助。

第三部：保護子女網絡私隱

父母要以身作則，先保護好自己及家人的網絡私隱，父母如未得到子女同意，不要隨便上載或分享子女照片及影片到社交媒體，同時，父母可協助子女設置好網絡私隱設定，特別是子女參與網絡遊戲及進行網上購物時，很多時需要提供較多個人及敏感資料，家長需要多加留意及協助。

第四部：建立子女批判思考

網絡資訊非常之多，其真偽性有時很難判斷。故**家長要趁早透過教導及分享，讓子女學習分析網絡內容真偽性**，例如教子女多運用可靠的網站及利用更多資料去確定資訊的可信性，這樣日後子女面對不同的資訊亦能知道應如何自處。

父母預期每日擔心子女使用網絡，不如趁早為子女建立健康數碼生活，讓他們有效及安全使用網絡，享受網絡為他們帶來的便利，並能避免子女墮入網絡危機。

自我檢測表：你是否有健康數碼生活？

網絡與生活平衡

1. 你每日使用網絡的時間與日常生活時間（不計睡眠時間）的比例是？

- ☐ A. 30%或以下。
- ☐ B. 31%至40%。
- ☐ C. 41%至60%。
- ☐ D. 超過60%。

2. 你有沒有為自己定下使用網絡（包括使用時間及觀看內容）原則？

- ☐ A. 有。有就使用網絡的時間及內容為自己定下基本原則。
- ☐ B. 有。我有嘗試使用協議，但內容上未清楚，會按個人喜好而變。
- ☐ C. 沒有。我沒有定下任何使用協議，按情況而處理。
- ☐ D. 有。有就使用網絡的時間及內容上作出思考，協定使用協議。

網絡安全意識

3. 你如何管理網絡上個人密碼？

- [ ] A. 我會定期更新個人密碼。
- [ ] B. 在設置個人密碼時我會避免使用容易猜中的資料為密碼，密碼包括有8個或以上的字元、當中有大小階英文母、數字及標點符號，並定期更新個人密碼。
- [ ] C. 設置個人密碼時我會選用自己容易記的密碼，以免忘記。
- [ ] D. 對原則未能掌握，故沒有運用原則，只按自己喜好選擇。

4. 你有否為網絡產品加裝合適的防毒軟件？

- [ ] A. 有加裝防毒軟件，但不清楚細節。
- [ ] B. 有加裝合適的防毒軟件，而且會定期更新及提升防毒功能。
- [ ] C. 不清楚有沒有加裝防毒軟件。
- [ ] D. 沒有加裝防毒軟件。

網絡個人私隱

5. 你如何在網絡上保護自己的個人資料？

- ☐ A. 我會把自己的個人資料放在不同電腦中，方便自己使用。
- ☐ B. 我會考慮使用個人資料的必要性才輸入網站，同時避免開啟可疑的電郵及附件；在傳送及儲存個人資料時將檔案加密，並以私人無線網絡傳送，以保障自己利益。
- ☐ C. 與處理一段資訊一樣，我沒有特別保護自己的個人資料。
- ☐ D. 使用瀏覽器後，保持「cookie」（小型文字檔案數據包），以作日後使用。

6. 你如何管理自己「網絡足印」？（「網絡足印」指在上網時會留下的痕跡，例如瀏覽記錄、登入資料、留言及相片等）

- ☐ A. 我會管理個人社交平台戶口設定以保障個人私隱。
- ☐ B. 我不知道如何管理「網絡足印」，故沒有理會。
- ☐ C. 我不會為個人社交平台作任何設定，只選擇不定期刪除瀏覽記錄。
- ☐ D. 我會管理個人社交平台戶口設定，保護帳戶密碼、定期刪除瀏覽記錄及定期在網絡搜尋自己。

網絡批判思考

7. 使用網絡時遇上不確定資料真確的情況，你會如何做？

- A. 不要信任網絡所有資料，免生危險。
- B. 在網絡上找其他資訊及向網友提出詢問，確定資料的真確性。
- C. 只要信就可以了。
- D. 了解資訊來源、評估發布者可靠性及批判內容，才決定是否相信有關資訊。

8. 你知朋友想進入網友的網絡遊戲「戶口」，取得別人的遊戲的武器後，與其他人進行買賣。你會如何處理？？

- A. 朋友一定是做了違法行為，需要報警處理。
- B. 沒有問題。
- C. 提醒他這有機會是「網上盜竊」行為，或會干犯法律。
- D. 叫他確保自己的行為不讓他人知道，免生危險。

計分表

題目 / 分數	A	B	C	D
1	4	3	2	1
2	3	2	1	4
3	3	4	2	1
4	3	4	1	2
5	2	4	1	2
6	3	1	2	4
7	2	3	1	4
8	3	1	4	2

總分： ____________

最高32分，最低為1分。

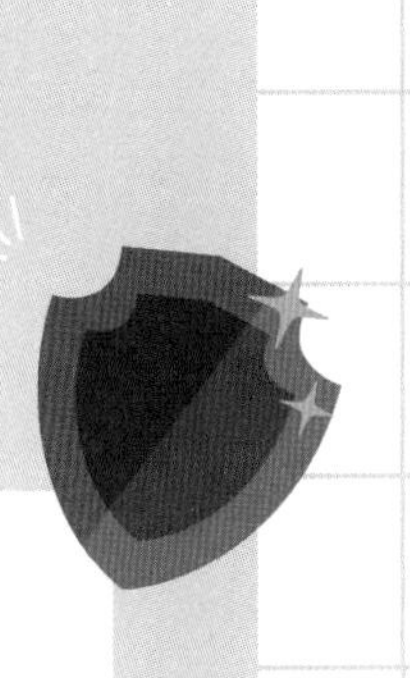

數碼生活狀況

25至32分：非常健康——知識豐富的家長

17至24分：一般健康——知識足夠的家長

9至16分：有待改善——增進知識的家長

1至8分：需要處理——全面學習的家長

子女技能

未來技能：創意與想像

瑞士著名智庫世界經濟論壇（World Economic Forum）提出十大「未來技能」（future skills），包括解難能力、批判性思維、創造力、人才管理、協調能力、情緒管理、判斷和決策能力、助人精神、談判技巧和認知靈活性。其中創造力的重要性由2015年的第10位升至2020年的第3位，可見其重要性。

你可能會問創意不是天生的嗎？我可以怎樣培養孩子的創造力？創意大師Alex Osborn的頭腦風暴法（brainstorming）以及Bob Eberle的奔馳法（SCAMPER）均提出不少提升創意的方法。現與大家分享兩個**能啟發創意的親子遊戲**。

奇妙的盒子

第一個是「奇妙的盒子」，主要開發幼兒的感觀。玩法可用一個面紙巾空盒，放入不同刺激感觀的東西，例如七彩鮮艷的波子（視覺）、弄碎發出聲音的枯葉（聽覺）、香濃的西式茶包（嗅覺）、酸甜的檸檬糖（味覺），以及滑溜冰凍的熟雞蛋（觸覺）等。然後請孩子抽出東西，讓他們猜猜是甚麼，最後拿起一同看看、聽聽、嗅嗅、嚐嚐。這是個隨手拈來，既環保又好玩的遊戲，既可刺激孩子感觀，認識物件名稱，更可以享受歡樂的親子時刻。

不一樣的士多啤梨

除了「奇妙的盒子」外，「不一樣的士多啤梨」也是涉及創造的親子遊戲，玩法有五個步驟：

1.準備每人一粒士多啤梨及紙張；
2.分別專心地用眼看、耳聽、鼻聞、手摸及咀嚼各一分鐘；
3.每一分鐘後都寫或畫下引發的感覺或聯想；
4.設計一項特別的東西並解釋；
5.親子互相分享及欣賞大家的設計。在這個過程中，你會發現我們的創造力是如斯驚人啊！

以上兩個遊戲，用意都是開發五官。我們的五官是探索世界的媒體，是一個與外界接觸的重要渠道。**從五感體驗出發，透過豐富的視覺、聽覺、觸覺、嗅覺和味覺體驗來活化大腦。**未來技能，就由今天開始吧！

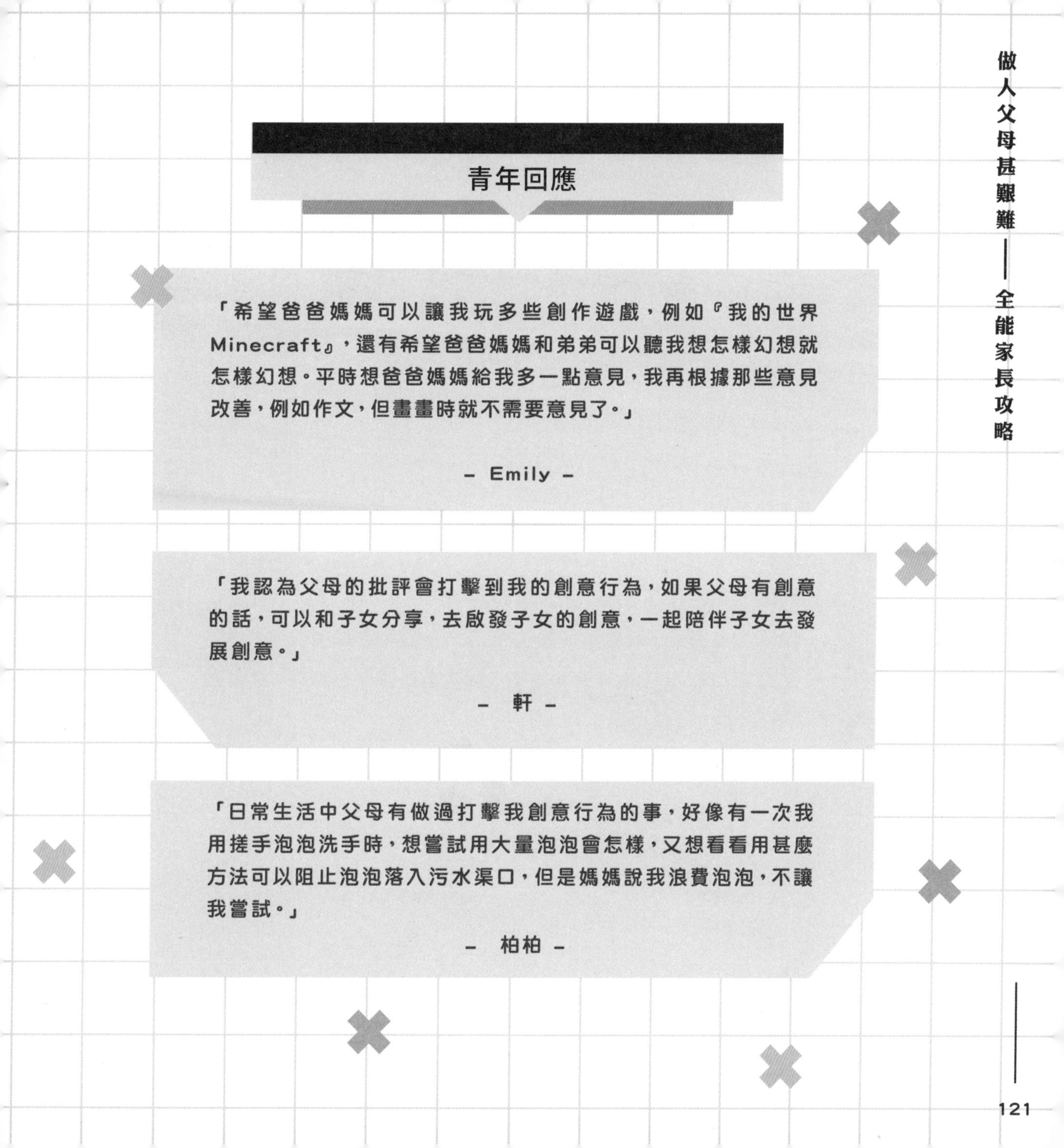

青年回應

「希望爸爸媽媽可以讓我玩多些創作遊戲，例如『我的世界Minecraft』，還有希望爸爸媽媽和弟弟可以聽我想怎樣幻想就怎樣幻想。平時想爸爸媽媽給我多一點意見，我再根據那些意見改善，例如作文，但畫畫時就不需要意見了。」

– Emily –

「我認為父母的批評會打擊到我的創意行為，如果父母有創意的話，可以和子女分享，去啟發子女的創意，一起陪伴子女去發展創意。」

– 軒 –

「日常生活中父母有做過打擊我創意行為的事，好像有一次我用搓手泡泡洗手時，想嘗試用大量泡泡會怎樣，又想看看用甚麼方法可以阻止泡泡落入污水渠口，但是媽媽說我浪費泡泡，不讓我嘗試。」

– 柏柏 –

子女技能

培養孩子興趣的幾個問題

談起興趣，相信為人父母的，總會安排大大小小、林林總總的興趣活動給孩子參加，究竟原因為何？希望讓孩子陶冶性情？發掘孩子潛能？豐富孩子社交生活？為了獲得獎狀證書？為了營造漂亮的履歷增加競爭優勢？無論是甚麼原因都好，讓我們先來了解一下甚麼是興趣。

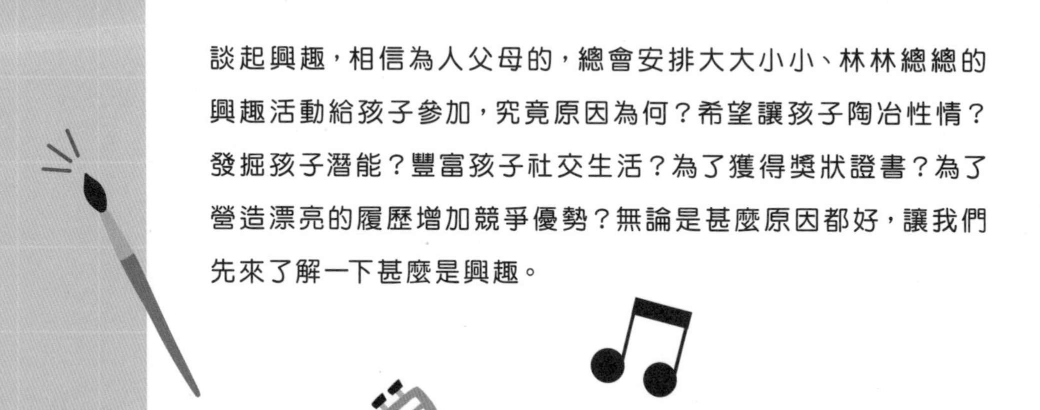

興趣是指由愛好、喜歡而產生的一種具積極性，帶有愉悅情緒，也讓你內心產生滿足感及成功感的事物；興趣是對某些事物有強烈愛好，並能自我享受而去做的空間活動。可以是收集物品、從事創造性和藝術追求、從事體育運動或其他娛樂活動等。**更是一種不計較成本與效益前提下進行的一些活動。**在這個界定下，看來很多孩子參加的興趣班不屬於培養興趣的範疇了。

興趣還是一種心理狀態，就是在過程中會出現心流（flow），一種精神完全投放在某種活動上的感覺，你見有些孩子可以充耳不聞地看書；可以晝夜不分地拼圖砌Lego；可以專心致志地畫畫油顏色；可以渾然忘我跳舞打球。這個狀態就是因享受其中而出現的一種正向情緒。

除此之外，興趣的發展經歷**三個階段**，就是「**一般興趣→樂趣→志趣**」，一般興趣比較廣泛，是讓人很有衝動去做的事情；隨著年紀，有少部分興趣一直保存下去，能帶來快樂感的就會成為樂趣；最後隨著心智發展，樂趣中很少的一部分成了志趣，甚至成為事業。

培養孩子興趣，家長需要思考幾個問題，這些是否他真正喜歡的活動？能否讓他產生歡愉的情緒？子女會否出現心流的狀態？這些興趣是否會為了獲取證書或獎狀而變成了壓力？你是否想以興趣去**提升孩子的能力**？更重要的一個思考是，**家長是否願意讓你孩子的興趣發展成為他的志趣，最後成為他的職業？**我們培養孩子的興趣時，要嘗試不以獎狀、證書為學習目標，而是因應孩子的性情喜好開始，也不要擔心孩子的興趣會轉變，更重要的是在家中共同發掘親子間的興趣。要知道，能夠培養孩子興趣，讓他們獲得情緒舒緩的途徑，熏陶藝術文化的修養，以及提升多元能力，是家長送給孩子的一份美好禮物。

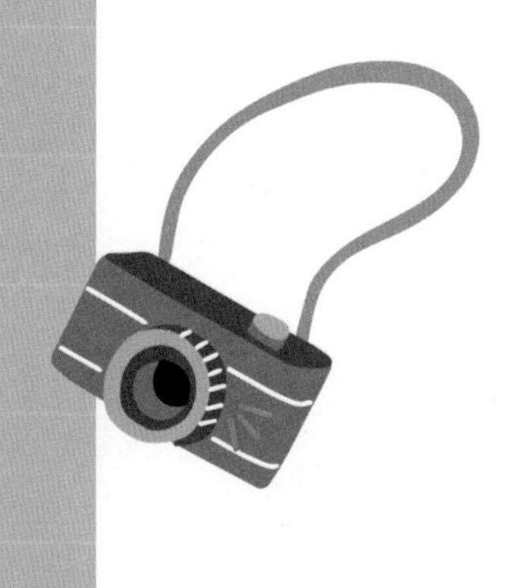

青年回應

「小時候父母要我參加甚麼活動，我就跟著參加，根本不知甚麼叫興趣。然而，投放在某活動時間久了，得到理想成績時會得到鼓勵和推動力，漸漸便變成了樂趣。最理想的當然是找到志趣，成為終身職業，寓工作於娛樂，但這世上又有多少人真的可以找到志趣呢？加油吧！祝大家都能找到樂趣和志趣！」

– 高佬傑 –

「興趣、樂趣同志趣？我唔識分呀，但係我學琴耐咗之後，又真係慢慢愈嚟愈鍾意彈，最開心係自己能力高咗，終於可以彈到自己鍾意嘅歌，好有滿足感！」

– 琪琪 –

子女技能

一場沒有分數的比賽

每年這個季節，都是學生磨刀霍霍準備學校朗誦節及音樂節比賽的時候，這正正勾起筆者女兒參加一場沒有分數的比賽的往事。

那年替女兒報了學校音樂節的鋼琴比賽，目的是給她一個觀摩、切磋及訓練自信心的機會。當然，如能獲獎，亮麗一下履歷也不錯吧！到正式比賽那天，坐在禮堂一角，靜心欣賞美妙的旋律，讚嘆那些年紀小小的孩子的音樂才華之時，同時也暗暗緊張起來，為甚麼前面每一首曲目都是一樣的呢？跟女兒練習的那首完全不同，難道我去錯地方？女兒也在另一角帶著疑惑的眼神望著我。我的天呀！我們沒有去錯地方，只是這場比賽的曲目不是女兒所練習的那首！怎辦好呢？一是選擇拂袖而去，一是參加一場沒有成績只有評語的比賽。

下一首歌就到她了，她應該非常焦急及擔心呢！我走近她準備比賽的位置，故作鎮定地跟她說：「我們練錯了比賽歌曲，你懂得彈奏正在比賽的歌曲嗎？如果不懂得，你想繼續比賽嗎？」出乎意料地得到肯定的回應，讓我由衷的佩服！於是筆者說出最肯定及欣賞的話：「好！就彈你練熟了的那首歌，就當是一場你的表演！媽媽相信你一定做得到。」想不到女兒真的能順利地彈奏完整首歌，那一刻我真的為她感到自豪！她能**勇敢地在眾人面前彈奏一首不一樣的曲目，沒有因為害怕而放棄，沒有因為分數而耿耿於懷。**

驚魂甫定之際，女兒反問為甚麼會弄錯了？原來是鋼琴老師給錯了比賽的編號，而媽媽也沒有重覆查核。這個錯誤當然是可以避免的，但我認為更重要的，是當刻接受錯誤已經發生了，然後再想怎樣面對及處理。當初參賽的目的，不是去觀摩及切磋，不是累積比賽經驗嗎？這個目的不是已經達到了嗎？人生的比賽豈只一場，每場比賽也豈會一帆風順？**如何勇敢去面對、如何以不放棄的心態去繼續，在逆境中找到積極的能量，就是最寶貴的經驗。**得與失不在此刻，放得下才走得更遠。

青年回應

「如果我是文章的主角，我會覺得如果就這樣放棄所有東西的話，那就一定沒有成果，但相反抱著一個不怕死的心態，說不定會有不同的結果。如果說父母可以如何幫助自己，我會希望父母可以放手，給我們多點空間去尋找自己的興趣，如果父母不放手的話，那麼我們只能夠活在父母的期望之下成長，那麼童年也不會開心。」

– Alex Wong –

「我覺得如果那是我媽媽，在我小時候，我會想她做到身教給我，意思是她會負責任。因為在文章中說到，小朋友的比賽編號被老師弄錯了，而媽媽沒有再重覆查核，在這個時候小朋友會是最無辜的那個。小孩不知道怎樣做，但媽媽在這個時候可以挺身而出，讓孩子知道媽媽是個負責任的人，說媽媽沒有檢查好，是媽媽做得不好。小朋友學習到原來面對錯誤時我們要站出來承擔問題，我想這是我最想要的。而且當有情況出現時，除了父母告訴我應該如何做，一些思想上的東西會比較重要，比如彈錯了曲不能怪責誰，但是之後要檢討和反省，讓之後能夠避免。」

– 興 –

子女技能

利是背後的理財智慧

農曆新年，是孩子一年中有最多「收入」、最多錢的時候，也是家長送出最多利是的時候。雖然這幾年適逢抗疫，拜年活動大為減少，但這種華人地區源遠流長的「派利是傳統」，相信仍會成為這大時大節的主打工程。孩子可會因這筆「橫財」而豪花豪玩？家長又可會因此感到頭痕頭痛？

曾經聽聞過，有孩子不願跟家長去拜年，卻會收到利是錢的進賬；有孩子只懂接利是而不懂說祝福語；有孩子看重的是利是的「錢」而不是利是的「福」；有孩子收到利是後隨即拆開來看；有孩子不消一個月就把那數以千計，甚至萬計的利是錢用得一乾二淨；亦有孩子收完利是後就不理三七二十一將之收藏到隱密處而不讓爸媽知悉……這種種現象的背後，家長會怎麼想？我們又可以為此做些甚麼來教育孩子？

在筆者孩子幼小之時，我會**讓他知道中國傳統中包利是的意義，而這份祝福不會因內裡裝著的金錢多寡而有所分別**，這樣他就少了一份即拆即看利是的衝動，而且不論利是金額多少都心存感恩。然後，我會讓他明白祝福屬有來有往的雙向式，他不單只要對長輩說祝福的話，還要為此感謝天父、感謝爸媽。至於他的利是嘛，我們就盡量按傳統，待過了年十五才一起拆開計算，並一同商量如何善用。根據慣例，我們會將利是分為三個部分：

1. **儲蓄：**最大的部分會存入母子倆的共同戶口，在他日後升學時使用；
2. **支出：**有一小部分會用以購買他喜愛的書或有益的玩具；
3. **分享：**另有一小部分則用作幫助及祝福別人。這可以是請長輩飲茶之類，我和孩子過去十多年就持續助養一名內地孤兒，每年這助養孩子的親筆信往往成了我們的激勵。

農曆新年雖是孩子理財教育的理想時機，只是筆者認為，**在日常生活中向孩子展現家長如何「量入為出、知慳識儉、重情惜物」的「言傳身教」**亦十分重要，更值得家長深思。

你的子女掌握理財知識嗎？

請向子女發出以下問題表，了解他們對理財知識掌握。

1. 子女懂得分辨「需要」及「想要」嗎？

需要： 維持生活的基本需要，如果少了這些物品，基本生活會出現問題。

想要： 生活上的非必要消費，我們生活沒有這些物品，都不會受到太大的影響。

我們要讓子女明白金錢有限，學會分辨「需要」及「想要」，先滿足「需要」，後處理「想要」。

以下哪些物品是「需要」，哪些是「想要」？ （請圈出正確答案）

1. 做功課的習作——（需要 / 想要）
2. 糖果——（需要 / 想要）
3. 全新型號的智能手機——（需要 / 想要）
4. 早餐——（需要 / 想要）
5. 本身的外衣不合穿而買的新外衣——（需要 / 想要）
6. 演唱會門票——（需要 / 想要）

第一題答案：1. 需要　2. 想要　3. 想要　4. 需要　5. 需要　6. 想要

2. 制訂預算及記帳消費

子女利用筆記簿或網上記帳工具，先訂立預算，再記錄各項開支，看看自己的錢用在哪裡。亦要了解有否按預算花錢，實際開支不應多於預算開支。

「預算價格」及「實際價格」大測試

請在購物前預算四項物品的價格，把實際價及預算價各填在橫線上。

1 物品：____________________
預算價格：__________ 實際價格：__________

2 物品：____________________
預算價格：__________ 實際價格：__________

3 物品：____________________
預算價格：__________ 實際價格：__________

4 物品：____________________
預算價格：__________ 實際價格：__________

總計 四件物品
預算總價格：__________ 實際總價格：__________

四件物品的總預算價格比實際價格多 / 少：__________

3. 先儲蓄、後消費

子女學習訂立儲蓄計劃及目的，讓他們在實行的過程中，能靠自己的努力及方法儲蓄，從而買到想要的物品。

一星期的儲蓄計劃

請填寫以下表格，測試子女的儲蓄能力。

想買物品：＿＿＿＿＿＿＿＿＿＿

物品價格：＿＿＿＿＿＿＿＿＿＿

	星期一	星期二	星期三	星期四	星期五	星期六	星期日
收入（零用錢）							
開支							
儲蓄							
合共儲蓄							

能否儲蓄到足夠金錢購買物品？（能夠 / 不能夠）

子女技能

小朋友的閱讀世界

朋友趁兒子升大學入住宿舍，把兒子自小開始使用的課外閱讀舊書放到網上平賣。她發現凡是小學讀物都大受歡迎，數天內一定會一掃而空（買的當然都是家長）；反而給中學生的讀物卻滯銷，即使是原價百多二百元的減至二十元都乏人問津。初時，她還以為是刊登平台出問題，但多次如是，不禁奇怪起來。

她問我為何小學生的書比較受歡迎，我說了一個真人小故事（即筆者）給她知：「女兒初中時，有次我重覆買多了中文補充練習，抱著物盡其用的原則，在家長聚會中送給她同學，對方家長欣然道謝，但當時我只感到女兒同學的凌厲眼神！初時以為是自己多疑，後來她私下告訴我女兒，要求我『不要再和媽咪分享任何補習資訊！』」

朋友仍是不明白，我只好細心解釋：「小學時，小朋友不懂『say no』，也不知自己的閱讀興趣，家長對子女閱讀習慣影響力大，所以可以大量買書，小朋友亦會照單全收；但到了中學，孩子有選擇權時，就有能力選擇逃避，而家長對此亦只能徒呼奈何，所以賣中學課外書不如小學般受歡迎。」

為甚麼香港的小朋友愈大愈不喜歡閱讀？原因難以一概而論，其一當然是**電子遊戲的興起**，另一個原因是**讀得太多補充習題**。對小朋友來說，補充習題就是書本一種，有幾多人會真心喜歡做練習題？所以一有空間就要逃避。

另外，有一個很少人談過的原因是**「讀得太多了」**。筆者眼見有很多學校/家長會搞閱讀比賽鼓勵小朋友閱讀，比賽方式就是鬥看得書多，我見過最多的是一個學期看二百多本，即是平均一天兩本以上，在量化之餘，卻很少見這些比賽問小朋友喜歡讀甚麼，試問又如何培養小朋友的閱讀興趣？難道到了中學就會讀五百本課外書嗎？

那豈非香港的小朋友就不讀書嗎？又未必，我笑對朋友說：「如果是補充練習，不理中小學都一定會瞬間售罄。」香港學生是沒有拒絕補充練習的空間的，所以女兒的同學那時才會「黑面」呢。

社工回應

建立子女的閱讀習慣

與孩子一起選擇讀物

當孩子年紀還小時，他們會較聽從家長的指導，閱讀我們精心挑選的讀物。不過，隨著他們成長，他們便會開始建立自己的想法。若果家長所挑選的讀物與他們的興趣不太相符，他們便會很易對閱讀喪失興趣── 因為對他們來說，閱讀只是為了應付父母，而不是打從心底裡喜歡。因此，如果我們給予他們更大自由度挑選書籍，放手讓他們吸收他們感興趣的知識，他們的動機便會相對增強。

設立獎勵計劃

對於孩子來說，如果閱讀是一份「功課」，其實漸漸地便會由「樂趣」變成一份「苦差」。因此，家長可以設立獎勵計劃，讓他們循序漸進地向目標出發，同時亦讓家長可藉此機會肯定孩子的付出。透過製造成功經驗，讓孩子更易對書籍產生興趣及好奇心，願意進一步探索閱讀世界。

與孩子共讀及分享讀後感

當孩子還是初小學生時，他們可能會因認識的辭彙較少，而覺得書籍內容晦澀難明，對閱讀總是提不起勁。因此，家長可在旁與孩子共讀，讓他們更易明白書籍內容，而親子間亦能有更多相處的時光，促進關係建立。另外，家長亦可與孩子交流，互相分享讀後感，讓大家透過溝通進一步了解大家的想法，亦能以新的角度理解事物，讓閱讀變得更快樂和有價值。

子女技能

觸得到的目標

暑假結束，莘莘學子亦終於陸續回校復課，重啟校園生活。每當迎來新開始，我們往往會訂立不少目標，希望能在未來一年或數月內達成。當我們驀然回首，也許會發現，這些「目標」或「理想」說得響亮，在開初為我們帶來不少憧憬；然而，當時間久了（或許只是過了數星期），我們便會發現已經筋疲力竭，最後可能在追夢中途放棄這些目標。

數算著掛在房間牆壁或是書桌上落空了的「目標清單」，我們心裡不免會有點唏噓，同時也會害怕再訂立新的目標，以免「重蹈覆轍」。可是，訂立目標有助我們找到努力的方向，讓我們的生命更有動力及更充實。與其逃避，倒不如嘗試**訂立具體而可實踐的目標，讓孩子在成長和學習中更易獲得成就感，從而提升學習動機。**

學者George T Doran於上世紀80年代提出**「SMART原則」**，指出五大訂立目標的原則，讓企業以至個人也能循序漸進達到目標。根據這套理論，一個好的目標必須具有五個重要元素：**具體、明確**（specific）、**可量度**（measurable）、**可達成**（achievable）、**相關**（relevant）**和有時間限制**（time-bound）。

而筆者認為，就提升孩子的學習動機而言，**當中不可或缺的便是「可達成」**（achievable）**這個原則**。有些孩子為了激勵自己，一開始會將目標訂得很高（例如在多個科目上考取第一名、每天完成溫習多個課題等），不過這樣往往忽略了自己的負荷程度，最後以失敗作結。假如遇上的挫敗太多，有些孩子甚至對自己失去信心，不再努力追求學習。

因此，**目標必須是依據孩子的能力，以及考慮環境、時間等實際因素而訂立**，否則，即使目標訂得再高，也只是徒勞無功。以「提升英文科的成績」為例，我們可先在開初訂立難度較低的目標（例如每日只完成10題選擇題練習、每星期串5至10個生字、以3個月時間提升5至10分等），讓孩子先建立自我效能感，增添信心應對未來的挑戰，在達成目標後才與他們討論會否進一步訂立更高的目標。

我們相信每一位孩子也有學習的潛能——由牙牙學語，到口齒伶俐；由只懂爬行，到懂跑懂跳。作為他們的同行者，我們只要就著他們的步伐去訂立目標，必定能學有所成，在他們有興趣的領域上取得滿足感。

青年回應

「以我過往的經驗，我體會到做事訂立目標是非常重要的。仍記得以前就讀小學時，每次暑假我都不會特別訂立目標去完成功課，也沒有特別告知別人，因為我認為自己可以更彈性地調配時間去完成功課，不用規定每日所做的科目、完成時間及需完成的功課量。但在沒有目標的情況下，往往總會拖延到最後一兩星期才開始做功課，導致十分狼狽地才能完成所有功課。

當自己有此經歷，隨著人逐漸長大，到現在就讀中學時便開始醒覺，開始嘗試為此訂下目標，計劃自己所做的功課科目、每日的完成時間及功課量，令自己可以更平均地分配時間去完成暑期功課，使我在暑假內能積極地完成所有功課。再者，我更發現訂立目標令我不但能提早完成暑期功課，還可以編出其他時間去預習升班的課程，並可安排去自己喜歡的地方去放鬆自己。自此之後，我學會在日常生活的事情上，凡事都訂立目標，就會事半功倍，水到渠成。」

– 恩祈 –

「在日常生活中，我通常都會訂立小小目標在某一段時間去完成。即使是再小的事情，這樣都可令我有效率去完成每件事，對將來出來工作都會有好大幫助。疫情高峰期是我小學五年級，經歷了許多日停課，常常只在家上網課。上學時間短了，反而讓我有更多時間做卷及溫習等等。當時預備第一次呈分試，雖然有些緊張，但我會訂一些小小目標，例如一日做中英數三份卷，夜晚就看圖書或溫習常識科等等。」

– 琪琪 –

家長自身

家長自身

強化抗逆力，為處理危機做準備

對成人來說危機可能是破產或惹上官非的大挫折，然而，孩子與我們不同，輸了一場比賽或疫情過後回校的適應，對他們來說可能也是很大的挑戰。怎樣提升孩子面對危機的能力是值得關注的。

面對危機的能力即是抗逆力，它是指「當個人身處不利環境中，仍能處之泰然及勇於面對，發揮內在的潛能及懂得尋找外界的資源，克服挑戰。」(K Thomas，2020)。每個人都有這潛能，只要人身處不利環境就會發揮出來。關鍵是能否強化這能力，讓它有效及持續發揮並把困難解決。家長可從以下三方面強化子女抗逆力：

給予子女解難機會

當孩子面對危機，有時父母感到心急或對子女缺乏信心而決定幫助他們，但父母幫助子女前，請先評估子女面對的危機是否能力所及？如是能力所及的危機，請父母一定要**「忍一忍手」，放手給予孩子處理**，試過仍然未能處理，這時父母才與子女一同了解當中原因，鼓勵他再接再厲。

培育子女正面思維

「自我實現預言」是美國社會學家（Robert K Merton）提出的一種社會心理學現象，是指人們先入為主的判斷，無論其正確與否，將或多或少的影響到人們的行為，導致這個判斷最後真的實現。所以，父母**多向子女多說樂觀正面的話，讓子女對自己能力有正面想法**，提升其能力感。只要在困難中子女仍相信自己有能力並用它來解決問題，就會產生「自我實現預言」，結果也會變得正面。

鞏固子女安全感

讓子女感到父母在他們身邊，對面對危機有很大的幫助。當人有危險時，本能會尋求其他人支援，會大聲作出求救。當人面對困難時，知道有人與他一同面對，即使要獨自處理，內心會較穩定及能以理性方式解決。故此，家長可以**在日常生活中與子女有親密的聯繫，讓子女有強大的安全感**，處理危機能力自然較高。

你是否有能力面對逆境?

人是否有能力面對逆境,一般取決於以下五項回應能力:

1. **控制事件的能力**——知道自己有能力掌握、控制及如何面對事件。
2. **知道事件的起因**——了解事件中涉及的人與事,以及當中的由來。
3. **掌握事件的責任**——明白事件要負的責任及願意承擔。
4. **事件對自己影響**——掌握事件的影響範圍,限制其對生活的影響。
5. **事件持續的時間**——知道事件在可預計時間內發生,之後會過去。

請寫下一次你曾面對過的逆境,當中包括起因、經過及結果。

就這次經歷,請在這五項的回應能力給予分數。(1分最低、5分最高)

控制事件的能力	1	2	3	4	5
知道事件的起因	1	2	3	4	5
掌握事件的責任	1	2	3	4	5
事件對自己影響	1	2	3	4	5
事件持續的時間	1	2	3	4	5
總分					

這分數具有參考作用,人每次面對逆境也會不同的反應。分數愈高表示你當時的逆境指數(AQ)愈高,也反映你能在這次逆境中有能力控制事件、明白起因、知道責任、對人影響及持續時間,故表現出更有自信,能以積極及樂觀的態度去解決問題。

家長自身

真的戀愛了

筆者曾收到一位家長懷疑女兒談戀愛的分享：「女兒每天回家就入房用智能手機發放短訊。我問女兒與甚麼人聯絡，她表示是女性朋友。但我明明見到對話人是男性圖像。最重要是我偷偷見到女兒的留言，她稱呼那人做『老公仔』……她現在就讀中五，出年還要應考公開試，點算好？」

家長擔心子女談戀愛，最主要是擔憂子女交了沒責任感的異性，並發生婚前性行為。特別是女兒拍拖，一些較為緊張的家長更會聯想到女兒會未婚懷孕。同時，家長又怕子女因拍拖而影響學業及未有足夠的成熟度處理戀愛問題。事實上這些擔心是可以理解的，但青春期子女渴望與異性相處亦十分正常。當子女開始戀愛時，家長禁止與責備，偷偷地看子女智能的手機，真的是在幫他們嗎？還是為他們帶來更大煩惱？**要處理子女談戀愛，必須要從溝通開始。**

家長需要留意以下的原則：

明白子女需要

家長明白子女渴望與異性相處是青春期的需要，要以平常心與他們分享戀愛事。我們如果能真誠向子女分享自身經驗，他們定必更感到父母的支持與關懷。

建立互信關係

青春期子女其實是非常渴望得到父母認同的。子女害怕向父母分享自己的戀愛事，內心是擔心父母有負面反應，甚至阻止他們交往。**父母要表現開放及信任的態度聆聽他們的經歷，不要加太多主觀批判及過分說教。**子女感到安全與信任，才會敞開心扉與父母分享，我們才能了解他們的需要，真正幫助他們。

全力支持子女

家長往往因未能接受子女拍拖而表現抗拒。這樣當子女談戀愛上出現問題時，例如與戀人發生衝突以至出現情緒時，就不會向父母求助。**父母要讓子女感到是獲接納及受關注，讓他們知道家庭是他們最強的後盾**，子女才不會因談戀愛與家人疏離，遇上危機求助無門。

讓我們以開放的態度處理子女戀愛事，與子女一同成長，成為增進親子溝通的契機。

家長回應

「多數是媽媽與女兒討論有關男女朋友及愛情的問題，爸爸就會比較少，通常都是看到電視新聞，講及女孩子受騙的時候，媽媽就會與女兒討論及提醒她小心遇到壞人，至於拍拖的事情就相對很少討論。爸爸是男性，與女兒討論會比較尷尬，也沒有說服力，所以通常都是媽媽先出聲，爸爸就再補充。

與女兒談情說愛我覺得由媽媽開口會比較適合，因為媽媽曾經都是少女，可以講出少女時代的心聲，爸爸就未必會講得出女孩子的心聲。但如果是兒子的話，相信爸爸都可以講到少許少年時代的談情說愛故事給他聽。貼士就是『to be the right person at the right time.』」

– 蔡生 –

「我沒有特別與女兒討論這些事情，我覺得輕鬆地提起新聞去討論是更好的，因為可以更了解仔女的想法，但是我和女兒溝通有些阻礙，因為女兒已經中一，不願意說出心底話。我想如果要與子女談愛情，可以給他們窩心地寫信和字條去打開話題。」

– Michelle –

家長自身

把自己還給自己

每天，我們也會為孩子準備早餐、為工作衝刺和為家人打點生活上的一切細節，「全年無休」也許是對我們的最佳形容詞。不過，隨著2018年「me time」這個單字正式收錄進象徵「英語權威」的牛津辭典後，普羅大眾便開始對這個概念有初步的認識，開始會有意識地預留一些空檔的時間，「試圖」在工作及照顧孩子的空檔中找一個喘息的空間，讓自己放鬆過來。然而，身為家長，我們真的有把這段來得珍貴的「專屬時間」留給自己嗎？

不如，我們試試回想一下對上一次的「me time」我們做了些甚麼——明明在接送孩子上學後，打算逛逛商場，選購自己喜愛的商品，獎勵一下平日辛勤的自己，但最後買回來的卻是家庭用品，或是丈夫和孩子喜愛的東西；明明約了三五知己到餐廳享受精緻的下午茶，談談生活軼事，但掛在口邊的仍離不開孩子升學、選科和課業等等的話題；明明翻開食譜想研究近期流行的菜式，但看著看著，總是會留意家人喜歡的菜式⋯⋯這些畫面是否有點似曾相識的感覺？我們總是以為把握了很多時間留給自己，但只要細想一下，我們便發現**即使伴侶和孩子不在身旁，但其實他們也佔據著自己的思緒，最後「me time」沒有「me」，又或是將原本最想照顧的自己放到最後。**

我們因著一份愛，也許會很享受為家人打點一切的時間，但當人長期處於工作或壓力的狀態，我們很快便會疲憊乏力，甚至影響本來的工作。根據注意力恢復理論（Attention Restorative Theory，ART），當人能靜心下來，腦部的壓力負荷便可以降低，能開始自行修復其認知系統，加強人的專注力及思考能力。因此，**我們更需要照顧自己，才能以更好的狀況照顧摯愛。**

就趁下一個周末，嘗試「把自己還給自己」，在寧謐中聽聽自己的心聲，感受一下自己的需要，哪怕只是花短短的半小時做自己愛的事情——因為休息才能走更遠的路。

家長回應

「時光飛逝，轉眼我做母親這個角色已經15年了。孩子小時候的點點滴滴好似電影畫面一樣，浮現在眼前，喜憂參半。15年也正是自己的青春漸行漸遠，與自己相遇又告別的一段旅程。

母親這個角色，承擔的責任很重，它讓我心甘情願為家庭為子女付出一切，好似一切都理所當然。把自己還給自己，這句話好似一根強心針刺了我一下，我以為我在掌握著自己的命運，卻不知道它強迫性地讓我在一個命運的旋渦中打轉。是啊，這些年的自己到底去哪了？

我慢慢地找尋著自己，傾聽著自己的內心。孩子固然重要，但他們將來會有自己的人生，我們也不可能陪伴他們一生一世。我思索著，世界的速度愈來愈快，而我的內心卻還不能適應。無語掐指一算，今天是餘生中最年輕的一天，時間深刻無情的不等人，我悄悄地對自己說：把自己還給自己，做最好的自己。當我們有朝一日白髮蒼蒼再回首時，我希望可以問心無愧的對自己說：『人世間我來得值得！』」

– 司天樂 –

家長自身

停不了的自責？

「雖然我都知未必是我一個人的問題，但有事的時候我都停不了怪責自己。」在一次的家長活動的分享環節中，家長如此對我說。

無可否認，自成為父母的那刻起，我們便要負上照顧孩子和家庭的責任，所以每當他們犯錯，或是家裡出了亂子的時候，我們總是先怪責自己，甚至在不知不覺間身負沉重而揮之不去的罪惡感，久久不能從負面的情緒中開脫出來。

要走出困局，我們必需先了解這種自責的根源。著名心理學家佛洛伊德依據他的臨床經驗及研究，發表了經典學術文章《哀傷與抑鬱》，當中指出內疚有些時候是出自對自己內心感受和需要的壓抑，如果長期處於這種狀態，更是抑鬱的徵兆。例如孩子小測前一天因顧著打遊戲機而很晚才睡，導致翌日答題表現未如理想，自己本應對此十分憤怒，但轉眼間取而代之的，竟然變成了「都是我的錯」的內疚感——「我應該要早一天請假與他溫習；我應該要提醒孩子早點睡；我應該⋯⋯總之這次是我做得不夠好！」

就以上事情，家長也許需要承擔一些責任，但驀然回首，卻發現自己對自己的憎恨和愧疚其實遠比實際的錯失大，而我們亦壓抑了自己對孩子的憤怒情緒。我們也許出於愛和不想破壞雙方的關係，所以不敢向孩子直接表達自己的感受，但這種壓抑很快便會轉化成對自己的指責，而我們可能會不斷承擔更多的責任、犧牲自己更多，從而彌補內心的愧疚。

了解自責的本質後，我們便可以從我們的情緒和需要出發，逐步擺脫慣性的自責。根據根本裕幸《擺脫習慣性自責的47個練習》，其實在我們的內心世界裡，並沒有分「對與錯」，亦沒有社會及他人對我們的期望，只有我們當下的情緒。因此，我們要以接納的心，聆聽自己的需要（例如對孩子成長的關心），亦要理解自己為何有當初的決定（這星期工作很忙，未能分身與孩子溫習，所以讓他自行分配時間溫習），最後從情感的角度，諒解自己情有可原的狀況，慢慢釋放困在牢裡的自己。而我們冷靜過後，亦可心平氣和地向對方表達自己的想法，務求未來能與對方有更好的相處。

社工回應

真的想推卸責任？

當家長放下「自責」，把子女要承擔的責任推回給他們時，卻發現他們學會「推卸責任」。

有一位家長向我分享：「我的孩子上課時，坐在他後面的同學突然打了他的頭一下，孩子即時痛哭和大叫。明明人人見到事件，但這位同學就一直表示不是他做。」目擊同學說：「明明我見你打人，為甚麼要推卸？」

父母太嚴，不敢認錯

子女不願承擔責任是擔心自己未能承擔父母給予的嚴厲後果。他們為了不想受到傷害，即使「講大話」會令人懷疑，但為保護自己也會選擇這樣做。最後就轉化成以「講大話」解決問題，成為不被信任的人。

父母太鬆，不知道錯

子女要做的事習慣由父母代勞，他們根本不知道自己有甚麼責任，甚至未有「負責任的經驗」。遇到責任他們傾向不理或推卻責任。由於缺乏成功負責任的經驗，長遠子女變成沒有自信及容易退縮。

如何讓子女負責任？

要知那些是他責任

家長讓孩子承擔責任時，應先評估事情的結果子女是否能處理。筆者覺得父母可以盡量讓子女承擔事情的自然結果，例如子女「欠交功課」故要跟從學校做法，放學留校完成功課；子女因回校遲到而需要處分。他們有機會接受後果，才有機會知那些是他責任。

要有能力承擔責任

父母為了表示權威，當子女做錯事時會情緒主導地大罵他們。正如上文提及，子女有機會難以承擔這些「人為後果」，故會不斷推卸責任。要提升子女承擔責任能力，家長要給予子女具體及明確承擔責任的方法，當他們做到相關回應時，肯定他們的努力，讓他們體會承擔責任一點也不可怕。

要有榜樣學負責任

年紀輕的孩子需要有人給他們模仿學習，而父母正是他們的最佳模仿對象。所以父母須重視自己的言行，在生活、工作及家庭上都要做好負責任的本分，應承別人事情要做到，子女的事就要交回子女自己承擔，這樣子女才能做一個負責任的人。

家長自身

孩子突然變了另一個人

根據2018年的數據顯示，香港雖屬彈丸之地，但卻擁有一萬多個超高淨值，即身家三千萬美元或以上人士，位列全世界第一。排名第二的紐約就有8,900人，而東京亦因擁有6,800名此類人士而排名第三。由此推論，香港確實存在不少家庭經濟環境優越的家庭。這類擁有豐富資源，並可讓孩子「贏在起跑線」的家長，在育兒上是否就得心應手、了無煩憂？當然不是，正所謂「家家有本難念的經」，不少風光富足家庭的背後，其實亦隱藏著一些孩子成長以至親子相處的危機。

這類家長許多都是高學歷、高收入，又或是事業智慧一流，專業表現突出的大忙人。他們要求高、主導性強；親子間講求效率，說話亦沒有廢話。亦因此沒有多餘的時間去了解孩子的狀況、聆聽孩子的聲音來培養彼此的感情。在如斯環境長大下的孩子，有些會適應得不錯，有些則會以無可無不可的「佛系」心態過著每一天，但亦有不少會感受到父母的過分權威，並常對自己說「不」後出現較多的情緒問題和更強的反叛心態。

曾有位事業很成功的媽媽向我提及過她兒子中學時還很乖巧聽話，但升上大學即一反常態，及後更在她強烈反對下，與一位在網絡認識的台灣女子雙宿雙棲，不再與媽媽聯繫；另外，亦有位大學講師告訴我，有大學生不願請父母出席他們的畢業禮。親子那血濃於水的關係，為何會弄到如斯田地，實在值得父母去深思。有時候，不妨靜心問問自己：我們了解孩子嗎？為孩子做決定前，我們會與他商量嗎？假如孩子變得反叛時，我們會嘗試明白他嗎？假如孩子表現強差人意時，我們仍會持續地愛他嗎？

人自出娘胎，就已是一個獨立的個體。而成長嘛，亦包含了不少「試和錯」(trial and error)，**假如家長能隨著孩子年紀不同而與他們保持適當的溝通和商量，那他們的青春期以至成人期對彼此關係的衝擊或可大為減少。**

社工回應

停一停·聽一聽

先停下忙亂的步伐

身處在生活步伐急促的香港，我們習慣每天也「快快的做，快快的說」，沒有慢下來的一刻。也許，這種「快」能讓我們在處理工作上得心應手；但作為血肉之軀，我們總不能把孩子的情感視為案頭上的文件，趕忙的處理。因此，我們需要「停一停·聽一聽」，用上耐性、時間和愛逐步經營良好的親子關係。

以開放的心接納孩子的情緒

相信我們每一個人也會害怕遭到他人拒絕，甚至否定自己的情緒。試想想，當孩子每次跟我們傾訴時，我們很快便提出意見，甚至批評他們，他們的感受會如何呢？因此，我們可以向他們顯出樂於聆聽的態度，他們便會願意分享更多。聽過他們的分享後，我們亦不需急於說教，可用開放的心與他們討論。

洞察孩子言外之音

「聽」字包含「耳」和「心」，這正好提醒我們每天也要用「耳」聽，用「心」明白，細心洞察孩子話語的言外之意。假如他說：「我不想上課」，我們可以先保持耐性，不要急於動怒，繼續聆聽他的想法，以找出真正原因。他可能因為生病、受到朋輩欺凌、課程太深等原因而不想上課。當探索到他們的感受和需要後，我們便可成為他的同行者，與他共同解決難題。

家長自身

正是幸福

無論你是誰，相信你一定想得到幸福。

「正是幸福」的「正」是指正向心理學概念及技巧。常聽說「幸福」不是必然，但亦不是遙不可及，它可能已經在你附近，唾手可得。我們嘗試從以下「正」向的行動增進幸福。

「重視關係」是其中一個重要的行動。關係包括家人、朋友、同事及與自己的關係，良好的家庭關係是有效管教的基礎，應該建立在無條件的愛、不計貧富的、不論能力的平台上。同時，我們需要接納孩子的獨特性及寬容對待他們的錯誤。家庭之外，我們可以多與相似的人交往，保持聯繫，維持緊密的友誼，與點頭之交的同事亦能夠適當合作，保持溝通。

對以上種種建立關係的技巧，讀者或許不會感到陌生，然而，大部分人可能遺忘了自己。筆者的意思是我們同樣需要與自己建立良好的關係，投入宗教或靈性的實踐；例如練習正念呼吸和冥想，可以幫助我們專注當下，聆聽自己的需要及放鬆自我，與內心的自己建立緊密關係，過程中多接納自己及寬容自己的錯誤。

「重視環境」是另一個行動，我們需要讓身體處於安全的居住環境，若然有好的氣溫、音樂和藝術的氣氛更佳；我們亦可藉休閒活動、適當地度假，跟家人或一群朋友投入互動的社交活動。

「維持健康身體」亦是重要的方法。故此，定期與家人一起投入運動；適當地吃有益的食物和建立有規律的家庭生活等，都可以為家庭生活增添幸福的色彩，例如逢星期日早上可以設定為家庭戶外活動或親子合作烹煮健康菜式時間等。

「心靈健康」當然是不能缺少的部分。若有壓力性情緒，可以多做減壓的練習。對焦慮部分，可透過挑戰非理性的想法，例如「我是絕對不能失敗的」、「我必須要做到」等，調整期望以降低焦慮。就生氣部分，可以聚焦在引發壓力的原因，退後一步或練習同理心。

最後，根據能力與資源來設定真實可行的目標及可評估的標準，給予自己合理時間去實踐，定時檢視和修訂，都是可以增進幸福的一個行動。幸福「正」是掌握在你手中呢！

家長回應

「幸福在我眼中是一種愛的感覺，我和家人關係和諧，感受到被愛，又能坦誠表達我的愛，我就感受到幸福滿滿。我有嘗試過文中所提及的正念呼吸和冥想，好好跟自己相處，了解自己的內心需要，發現原來可以令自己變得更加幸福和豐盛。放鬆自己的相關練習很值得持續去做，天天都愛自己多一點。要令自己幸福，建議習慣好好覺察自己的感受，接納不同面向的自己，懂得關心和愛自己，才有能力去愛家人。天天可以同老公、女兒快樂地生活在一起，已經感覺到好幸福了。」

– Celia –

「我覺得自己是幸福的。我正在用文中的方法照顧自己，效果十分好，主要是平衡自己、家人、朋友，和自己的內在與外在社交關係。最主要是調整期望方面，對自己或對別人一樣重要。這會分外令人覺得知足幸福。如果想讓自己更幸福，建議是和自己重視的人多溝通，適當時候多表達愛，愛中帶著尊重自己和別人，多看看自己內在真正需要，才是幸福的重點。」

– Jerry –

家長自身

累透了的媽媽

疫情延續多年，許多家庭都備受影響，孩子不用回校，家長要肩負起大部分的管教職責，身心疲累。假如遇上家人或自己中招入院甚或是需要特別照顧及隔離，那種辛苦歲月，真是畢生難忘。然而，辛苦過後，我們會嘗試思考一下自我的步伐、關係的輕重、生活的擺位，甚至前路的方向嗎？

曾見過一位媽媽，其子女都已升上大學甚至出來工作，每天一早仍要忙煮早餐、趕上班，下班後又要趕買菜、回家準備晚餐，晚餐後更要洗碗，完事後才放心去洗澡休息。我曾問她：「你丈夫人品好，你孩子又那麼乖乖兼大個仔、大個女，他們不可幫你做一些嗎？」她直接搖搖頭：「不會呀，我不做就沒人做了」。原來如此，我已直接感受到這媽媽內裡的「無助、辛勞和困倦」。

丈夫不愛她，孩子不疼她嗎？我想應該不是吧！只是一個好能幹的媽媽一直在家中都表現到「行得、走得、做得、賺得又煮得」時，其他家人就自然樂得清閒，活得悠然又自在。這就是心理學上所謂的「互補」。即是說**人際關係許多時是互相補位，特別是家庭成員之間。**一個做事超級勤快，另一個做事就會變成懶散；一個做許多家務，另一個就會做好少家務。

曾經聽過一個家庭，媽媽一早去世，爸爸則是個不務正業、不事生產的人。18歲做大家姐的女兒就一早肩負起家庭的重任，不但自己努力考大學，還把就讀小學的妹妹照顧得頭頭是道。在此，我無意鼓勵父母將自己變成不負責任的人，但卻好想提一提「過分盡責」的家長：**要逐步培養孩子的承擔意識，好好地把家庭責任分配予孩子甚至其他的家人**，避免將重擔長期放在自己身上，否則累壞了，自己身體固然受罪，整個家庭亦同時失衡。

好爸媽嘛，除了愛孩子外，更要學習好好地疼愛自己。因為唯有這樣，我們的孩子才會懂得如何愛我們呢！

你有「獨處時間」(me time)嗎？

「做好爸爸媽媽，除了愛孩子外，更要學習好好地疼愛自己」。因為唯有這樣，我們的孩子才會懂得如何愛我們。父母常只看到子女的「需要」，並當成是自己的「需要」，長時間把精力放在孩子身上，結果即使有時間，也不知道該如何善待自己。

要疼愛自己，就要有「獨處時間」(me time)。甚麼是「獨處時間」？就是一個沒有他人、完全屬於你自己的時間，在這段時間裡，最重要的就是自己和自己的需求。在獨處時間中，大家至少做一件讓自己快樂並且跟別人無關的事，純粹為取悅自己而做，這是疼愛自己最好的方法。

以下測試幫助大家了解自己是否有足夠的獨處時間。

1. 你喜歡一人獨處嗎？

- ☐ A. 非常喜歡
- ☐ B. 喜歡
- ☐ C. 沒有特別
- ☐ D. 不喜歡
- ☐ E. 非常不喜歡

2. 你有多少項自己一人喜歡做的事？

- ☐ A. 多過3項
- ☐ B. 3項
- ☐ C. 2項
- ☐ D. 1項
- ☐ E. 沒有

3. 你每日平均花多少時間做喜歡做的事？

- ☐ A. 沒有時間
- ☐ B. 1至30分鐘
- ☐ C. 31至60分鐘
- ☐ D. 1至2小時
- ☐ E. 2小時以上

4. 當你想花點時間在自己身上時，會有甚麼感覺？

- ☐ A. 非常內疚
- ☐ B. 有點內疚
- ☐ C. 沒有特別感覺
- ☐ D. 有點舒暢
- ☐ E. 非常舒暢

5. 當你花點時間在自己身上時，你家人的反應是？

- A. 十分支持
- B. 有點支持
- C. 沒有特別反應
- D. 有點反對
- E. 十分反對

第一題、第二題及第五題：A 5分、 B 4分、 C 3分、 D 2分、 E 1分

第三題、第四題：A 1分、 B 2分、 C 3分、 D 4分、 E 5分

愈高分數表示你愈有能力擁有獨處時間，並能有效運用它幫助自己提升個人身心健康。要記住父母要有獨處時間，才可以有意識去覺察、照顧及愛護自己身心需要，才能有力量去照顧自己及身邊的人。

家長自身

得意忘形的父母

平日常聽父母訴說：「他每次打遊戲機五分鐘後又五分鐘，總是得寸進尺！」近日卻聽了角色逆轉的故事：

一位緊張女兒成績的媽媽，經常督促女兒做功課。平日女兒常會分神，但今天卻很專注，媽媽欣賞之餘，心想：「要好好把握這個機會！趁女兒今天狀態大勇，再給她多一點練習吧！」看到突然加碼的補充，原本專注用心的女兒突然態度大變，大吵大鬧，不願「合作」。媽媽大感失望，感慨女兒不好好把握難得的專注，白白浪費了學習的機會。

以上述個案為例，有時候家長面對子女正面的轉變，我們高興之餘會很想把握當下——**趁機提出更多要求，結果弄巧反拙，令子女瞬間翻面。**其實，有時候子女因著不同原因有一下子好的轉變，作為家長自然很開心，但要留意自己有沒有一時得意忘形，令子女後悔變好？如果子女發現自己的「變好」是會令父母得意忘形，繼而得寸進尺、得一想二的話，他們很快就會學習維持原狀，以不變應萬變，避免讓我們逼得太緊。

面對子女的正面行為，家長可作以下回應：

讚賞子女

面對子女的正面行為，我們**可以表達我們的欣賞，讓子女知道自己的努力會被父母看見及認同**，加強他們重覆正面行為的動力。

表達關心

面對子女能專注學習，我們**除了關心成效，更應關心子女**，我們可以：「需要休息一下嗎？」取代「那你繼續努力，可以快點完成啊！」雖然後者都是鼓勵的說話，但前者卻更能體現父母對子女的關顧，進一步促進親子關係。

見好就收

當子女做出令你滿意的行為表現，我們不要進一步再訴說自己期望，向子女要求更佳表現，而是**重覆讚賞子女、表達關心，讓子女知道父母能看到並欣賞他們的付出，同時亦能給予他們空間繼續按自己意願發揮。**

青年回應

「我也遇過這種情況，會覺得自己工作的節奏被打亂，最後會因為心煩，連本身在做的事情也變得無心機做。我覺得家長可以問子女意見，因為子女會比家長更清楚自己有沒有更多的能力和專注力去完成額外的要求。另外，家長可以表達清楚自己的想法，令子女明白父母是因為對子女能力有信心和肯定，所以才提出額外的要求。」

－ 恩 －

「我不常遇到這種情況，可是在溫習考試時，爸媽有時也會逼我做更多的溫習。在他們叫我再去溫習時，我總會感到煩躁，常因一時之氣而鬧翻了關係。我認為他們應該給我們一些空間去休息，令我們更冷靜，反而比強逼我們溫習更為有效提升我們溫習的動力。」

－ 家樂 －

香港青年協會

hkfyg.org.hk | m21.hk

香港青年協會（簡稱青協）於1960年成立，是香港最具規模的青年服務機構。隨著社會瞬息萬變，青年所面對的機遇和挑戰時有不同，而青協一直不離不棄，關愛青年並陪伴他們一同成長。本著以青年為本的精神，我們透過專業服務和多元化活動，培育年青一代發揮潛能，為社會貢獻所長。至今每年使用我們服務的人次達600萬。在社會各界支持下，我們全港設有90多個服務單位，全面支援青年人的需要，並提供學習、交流和發揮創意的平台。此外，青協登記會員人數已逾50萬；而為推動青年發揮互助精神、實踐公民責任的青年義工網絡，亦有逾25萬登記義工。在「青協・有您需要」的信念下，我們致力拓展12項核心服務，全面回應青年的需要，並為他們提供適切服務，包括：青年空間、M21媒體服務、就業支援、邊青服務、輔導服務、家長服務、領袖培訓、義工服務、教育服務、創意交流、文康體藝及研究出版。

青協網上捐款平台
Giving.hkfyg.org.hk

香港青年協會 家長全動網

HKFYG Parent Support Network

青協家長全動網(簡稱全動網)是全港最大的家長學習和支援網絡,積極推動「家長學」。家長責任重大;在不同階段教養子女,涉及的知識廣泛,需要不斷學做家長,做好家長。全動網分別在網上和全港各區鼓勵家長積極參與各項親職學習課程,促進交流和自學,幫助家長與子女拉近距離、適切處理兩代衝突,以及培養子女成材。

全動網凝聚家長組成龐大互助網絡,透過彼此扶持與持續學習增值,解決親子難題,與子女同步成長。

家長全動網總辦事處
地址:九龍觀塘坪石邨翠石樓地下125至132室(港鐵彩虹站A2出口)
電話:2402 9230
傳真:2402 9295
電郵:psn@hkfyg.org.hk
網站:psn.hkfyg.hk

香港區辦事處
地址:香港筲箕灣寶文街1號峻峰花園1至2號
賽馬會筲箕灣青年空間
電話:2567 5730/ 2885 9359
傳真:2884 3353

九龍區辦事處
地址:九龍紅磡馬頭圍道48號家維邨3至5樓
賽馬會紅磡青年空間
電話:2774 5300
傳真:2330 7685

新界區辦事處
地址:新界粉嶺祥華邨祥禮樓317至332號
賽馬會祥華青年空間
電話:2669 9111
傳真:2669 8633

地址:新界荃灣海盛路祈德尊新邨商業中心2樓
荃灣青年空間
電話:2413 6669
傳真:2413 3005

做人父母甚艱難——全能家長攻略

出版　香港青年協會
訂購及查詢　香港北角百福道21號
香港青年協會大廈21樓
專業叢書統籌組
電話　(852) 3755 7108
傳真　(852) 3755 7155
電郵　cps@hkfyg.org.hk
網頁　hkfyg.org.hk
網上書店　books.hkfyg.org.hk
M21網台　M21.hk
版次　二零二二年十二月初版
國際書號　978-988-76279-7-5
定價　港幣100元
顧問　何永昌先生
督印　徐小曼、魏美華
編輯委員會　凌婉君、黃筠媛、鄭芷琪、韓曄、薛巧雯、
湯家雋、蕭燦豪、賴雯丹、何慧明博士（嘉賓）
曾偉鑫（實習學生）、袁紹晴（實習學生）、李愷程（實習學生）
執行編輯　周若琦、王成鴻
插畫　何慧敏
設計及排版　何慧敏
製作及承印　活石印刷有限公司

Path to Parenting

Publisher　The Hong Kong Federation of Youth Groups
21/F, The Hong Kong Federation of Youth Groups Building,
21 Pak Fuk Road, North Point, Hong Kong
Printer　Living Stone Printing Ltd
Price　HK$100
ISBN　978-988-76279-7-5